煤矿生产仿真技术及在安全培训中的应用

黄力波　张顺堂　著

北京

冶金工业出版社

2012

内 容 提 要

　　本书采用矿山实际数据，进行场景建模，运用八叉树原理对场景图进行组织管理，借助建模软件构建三维实体模型和人体模型，通过纹理映射、细节等级技术、光照、雾化等渲染方法对模型进行真实感处理，完成了系统三维引擎的设计，实现了场景的加载、实体模型的动态导入、碰撞检测和实时漫游，在此基础上，介绍了根据矿山安全培训的特点，提出"问答板"这一交互手段及其应用。

　　本书不仅可供高等学校、安全研究院所、矿山及其他危险性行业的计算机仿真教学与安全培训参考使用，还可供本科院校、计算机专业人员和矿山技术人员参考使用。

图书在版编目(CIP)数据

　　煤矿生产仿真技术及在安全培训中的应用/黄力波，张顺堂著 . —北京：冶金工业出版社，2012.3
　　ISBN 978-7-5024-5880-5

　　Ⅰ.①煤… Ⅱ.①黄… ②张… Ⅲ.①煤矿开采—仿真 Ⅳ.①TD82-39

　　中国版本图书馆 CIP 数据核字(2012)第 032628 号

出 版 人　曹胜利
地　　址　北京北河沿大街嵩祝院北巷 39 号，邮编 100009
电　　话　(010)64027926　电子信箱　yjcbs@cnmip. com. cn
责任编辑　郭冬艳　美术编辑　李 新　版式设计　葛新霞
责任校对　郑 娟　责任印制　李玉山
ISBN 978-7-5024-5880-5
三河市双峰印刷装订有限公司印刷；冶金工业出版社出版发行；各地新华书店经销
2012 年 3 月第 1 版，2012 年 3 月第 1 次印刷
850mm×1168mm　1/32；5 印张；121 千字；147 页
20. 00 元

冶金工业出版社投稿电话：(010)64027932　投稿信箱：tougao@cnmip. com. cn
冶金工业出版社发行部　电话：(010)64044283　传真：(010)64027893
冶金书店　地址：北京东四西大街 46 号(100010)　电话：(010)65289081(兼传真)
　　　　　　(本书如有印装质量问题,本社发行部负责退换)

前　言

　　近几年来，虚拟现实（VR，Virtual Reality）技术成为一项十分热门的技术，越来越多的人投身到这个研究领域，致力于虚拟现实技术的研究、开发及应用推广。虚拟现实技术（简称VR），又称灵境技术，是以沉浸性、交互性和构想性为基本特征的计算机高级人机界面。它综合利用了计算机图形学、仿真技术、多媒体技术、人工智能技术、计算机网络技术、并行处理技术和多传感器技术，模拟人的视觉、听觉、触觉等感觉器官功能，使人能够沉浸在计算机生成的虚拟境界中，并能够通过语言、手势等自然的方式与之进行实时交互，创建了一种适人化的多维信息空间，具有广阔的应用前景。虚拟现实技术、理论分析和科学实验已成为人类探索客观世界规律的三大手段。据权威人士断言，虚拟现实技术将是 21 世纪信息技术的代表，由此可见其重要性。

　　美国是 VR 技术的发源地。美国 VR 研究技术的水平基本上就代表国际 VR 的发展水平。目前美国在该领域的基础研究主要集中在感知、用户界面、后台软件和硬件四个方面。例如，在网游领域，3D 技术的发展，动作捕捉和头部追踪技术的结合将会给游戏的交互带来全新的机遇。专家表示，玩家可以在游戏中使用自己的双手创造全新的物体并加以修饰。与此同时游戏中电脑 AI 的发展将会使游戏角色更具交互性。当游戏中角色并不仅可以和玩家进行直接对话，而是更多的展示自己的思想并进行交互影响的时候，游戏体验会比好莱坞电影更耐人寻味。展望未来 5 年虚拟现实将与人类更加贴近，给予虚拟现实的服务项目日趋多元化。而在虚拟现实的应用领域，基于互联网的应用将爆发前所未有的爆发力。而虚拟现实融合语音智能将为虚拟现实的网络平台插上飞翔的翅膀。

总之，虚拟现实就是改变了我们的观念，从以前的"以计算机为中心"变为"人是信息技术的主体"；改进了人机交互方式，由过去人机之间枯燥、被动的方式变成了人通过手动和声音等自然的交互方式与机器交流，人机融为一体；改变了人们生活与娱乐的方式。尤其是云计算的出现，更是助推了虚拟现实技术的发展。

我国虚拟现实技术的水平离人们心目中追求的目标尚有较大的距离，与国外虚拟现实技术也存在较大的差距，因此该项技术需要我们进一步研究、开发及完善。

我国 VR 技术研究起步较晚，与工业发达国家还有一定的差距，但现在已引起国家有关部门和科学家们的高度重视，并根据我国的国情，制定了开展 VR 技术的研究计划。九五规划、国家自然科学基金委、国家高技术研究发展计划等都把 VR 列入研究项目。

国内的一些重点院校，已积极投入到了这一领域的研究工作。北京航空航天大学计算机系是国内最早进行 VR 研究、最有权威的单位之一，着重研究了虚拟环境中物体物理特性的表示与处理，实现了分布式虚拟环境网络设计，虚拟现实应用系统的开发平台等。浙江大学开发出了一套桌面型虚拟建筑环境实时漫游系统，在虚拟环境中还研制出了一种新的快速漫游算法和一种递进网格的快速生成算法。哈尔滨工业大学已经成功虚拟出了人的高级行为中特定人脸图像的合成、表情的合成和唇动合成等技术问题。

虚拟现实技术在我国近些年发展极为迅速，被广泛地应用在城市规划、教育培训、文物保护、医疗、房地产、互联网、勘探测绘、生产制造、军事航天等数十个重要的行业，全世界的目光都聚焦于虚拟现实技术在中国的蓬勃发展。流行一时的网络游戏，实质上也是虚拟现实技术的一种简单应用。最近，中国首款虚拟现实游戏射日精英也已经横空出世。

基于以上几个原因，我们觉得有必要在高等教育中增加有关虚拟现实技术的教学内容，吸引更多的人去了解它、关注它、研究它、应用它，以推动我国虚拟现实技术的发展。目前虚拟现实技术的应用面较广，涉及军事、航空、教育、建筑、医学、工业、文化、艺术与娱乐等领域。本书在编写中主要侧重于虚拟现实技术的应用，在书中介绍虚拟现实技术的基本概念、虚拟现实系统的硬件设备、虚拟现实中的相关技术，还介绍了基于实用的几个桌面虚拟现实工具软件，而有关虚拟现实技术的理论如建模方法、优化、压缩算法及程序等内容可参阅其他有关资料。

全书共分7章，主要内容为：

第1章　主要介绍虚拟现实技术在各领域中的应用及国内外虚拟现实在矿山安全中的研究动态，以及主要内容及结论。

第2章　主要对虚拟现实技术的关键技术及其构成，对虚拟现实的生成设备、虚拟世界的感知设备等方面做了简要介绍，并对虚拟现实的关键性技术做了比较详细的分析，对本项研究的核心内容做了进一步引述。

第3章　简单扼要地介绍了冒顶事故、透水事故、粉尘和瓦斯事故产生的原理、预防措施及注意事项，其中还对粉尘的分类、特性，以及粉尘灾害的形式作了介绍。为构建虚拟现实，提供原型。

第4章　从发生结构学结构主义、复杂适应系统理论和人工智能理论角度论述了虚拟矿井生产系统演化建模研究的理论基础；提出虚拟矿井生产系统演化模型的内涵、研究目的与目标；研究了虚拟矿井生产系统仿真原理与建模过程、虚拟矿井生产系统的演化建模方法，提出了基于主体的虚拟矿井生产系统演化建模方法；设计了虚拟矿井生产系统演化模型体系结构，总结了虚拟矿井生产系统模型的组合层次，给出了虚拟矿井生产系统模型间的信息控制关系。

第5章　主要内容为确定系统设计要实现的目标，选择合理的系统开发环境，并根据虚拟现实系统自身的特点，对系统进行功能模块划分，包括内存管理模块、资源管理模块、数学基础模块、场景管理模块、输入控制模块、图形渲染模块、物理模块、声音处理模块、人工智能模块等，在此基础上做出总体设计。

第6章　主要内容为矿山安全培训系统模型的构建，从场景建模和实体建模两个方面做了详细的分析，重点介绍环境建模技术、实时三维图形绘制技术、三维虚拟声音的显示技术、面向自然的交互与传感技术，模型真实感处理技术，虚拟人物的运动控制方法等，是基于虚拟现实安全培训系统的主体构件。

第7章　主要内容为开发介绍矿山安全培训系统的实现方法，对系统的初始化、场景加载、模型动态导入以及碰撞检测进行了具体的说明，然后，针对该VR系统人机交互问题进行论述，提出了实时漫游和多通道化的实现方法，并针对矿山培训的特性提出并实现了"问答板"这一交互手段。

本书在编写过程中注重实用性，在内容方面力求做到全面而系统，使读者能通过此书了解VR技术的实现方法与现实应用。

高德华、张代芹为本书的出版做了大量辅助工作，在此表示诚挚的感谢！

由于当前虚拟现实技术发展迅速，加之作者水平有限，时间仓促，书中错漏之处，恳请读者批评指正。

黄力波　张顺堂

2011 年 12 月

目　录

1 绪 论

1.1 矿山生产安全与虚拟现实技术

安全生产是我国矿业持续、稳定、健康发展的重要保证。随着社会经济的发展，安全生产越来越突显其重要地位和作用。根据《国家安全生产科技发展规划》（煤矿及非煤矿领域研究报告)[1]，我国矿业安全形势依然严峻，事故呈上升趋势。

我国"十五"时期全国平均每年煤矿百万吨煤死亡 3.93 人，2004 年为 3.08 人，2005 年为 2.836 人，2010 年为 0.749 人。就 2005 年而言，我国煤炭产量约占全球的 37%，事故死亡人数则占近 80%，煤矿百万吨死亡率约为美国的 70 倍、南非的 17 倍、波兰的 10 倍、俄罗斯和印度的 7 倍。严峻的安全生产状况不仅严重威胁着人民群众生命安全和健康，也影响到社会和谐及国际形象。我国是世界上煤矿伤亡事故发生最频繁的国家。就安全事故而言，"十五"时期全国煤矿共发生一次死亡 3 ~ 9 人，重大事故 1398 起，平均每年发生 280 起，占全国各类重大事故起数的 11%；发生一次死亡 10 ~ 29 人特大事故 214 起，平均每年发生 43 起，占全国各类特大事故起数的 36%；发生一次死亡 30 人以上特别重大事故 42 起，平均每年发生 8 起，占全国各类特别重大事故起数的 58%。"2004 年全国煤矿事故死亡人数总共为 6027 人，2005 年全国煤矿事故死亡人数总数为 5986 人。这些惊人的数字，真实地反映了我国目前煤炭企业严峻的安全状况，敲响了安全警钟。"国家安监总局公布的统计数据显示，2010 年全国各类生产事故死亡 79552 人，同比减少 3648 人，下降 4.4%。而照此计算，平均每天事故死亡 218 人，伤亡数字依然庞大。2010 年与 2005 年相比，煤矿事故死亡人数由 5986 人减少到 2433 人，下降 59%。见图 1-1。

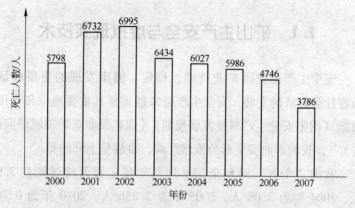

图 1-1 2000~2007 年死亡人数分布图

2010 年相比 2005 年重特大事故起数由 58 起减少到 24 起，下降 58.6%；煤矿百万吨死亡率由 2.836 下降到 0.749，下降 73%。见图 1-2。

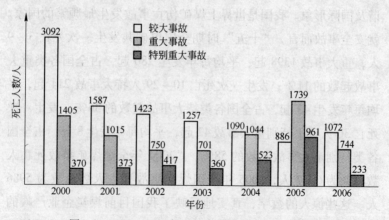

图 1-2 2000~2006 年重特大事故死亡人数分布图

2010 年统计显示，尽管我国年度煤矿事故死亡人数呈逐年下降趋势，但事故死亡人数却占全世界煤矿死亡总人数的 70% 左右。2010 年全国煤矿百万吨死亡率 0.749 人，与世界主要产煤国仍然有较大差距，美国、波兰、南非等主要产煤国的煤炭百万吨死亡率都已经下降到 0.1% 以下。变化趋势见图 1-3。

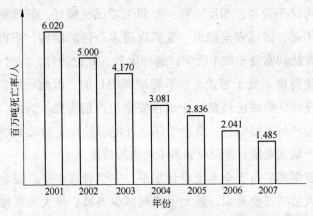

图 1-3 2001~2007 年煤矿百万吨死亡率分布图

安全生产成为社会广泛关注的焦点，职工的安全培训每年都列入矿山的重要议事日程，且都下达详尽的培训计划及有关考核办法。矿山投入了大量的人力、物力、财力，一是提高安全生产的硬件保证水平，靠新技术、新装备提高安全保证程度；二是加强职工的安全培训，人是矿山安全生产的核心要素。

传统的安全培训方法一般为由教师系统讲授煤矿安全技术知识，采用的手段主要为录像、实验、幻灯片等现代化教学方法。这些方法在使职工了解、掌握煤矿安全技术基础知识起了很大的作用，但是录像与幻灯只能使学员有一个很抽象的印象，由于煤矿事故，如顶板事故，瓦斯、煤尘爆炸，火灾等不可能用实验来实现，只能看一些录像，学员无法获得在事故现场经历事故的感觉，而且没有交互能力，学员只能被动地接受，教学手段单一，多是填鸭式的教学。

矿山师资力量匮乏，教学手段单一，多是填鸭式的教学；外聘教员对煤矿的具体生产流程缺乏了解，使得安全培训与实践脱节；另外，矿山职工的总体受教育水平偏低，文化水平的差异和岗位责任的差异往往使得现场经验丰富而文化水平低的职工考试不及格，相反，有一些职工考试成绩好，但现场工作经验不足，造成安全隐患。受到这诸多条件的制约，使得矿山的安全培训常处于职工厌学，老师厌教，死记硬背，应付过关，最终使得培训流于形式，达不到培训的目的。由此可见，传统的安全培训形式已经落后于现在安全生产的需要。为此，需要一种生产与实践结合，寓教于乐，并能够使职工身临其境的安全生产培训系统，便可收到事半功倍的效果。

要提高矿山安全系统设计水平、安全管理水平，提高矿山工作人员的安全意识，最大可能地减少事故、最大限度地缩小事故危害，建立完善的矿山安全培训系统是重要措施之一。

煤矿安全培训不仅要保证煤矿工人通过培训了解煤矿生产安全规程，熟悉井下工作环境，而且更要注重培养煤矿工人在遇到紧急的危险情况时，能采取正确的自救措施，并果断而准确地选择逃生路线。而这些都必须在安全培训时不断地反复训练。但煤矿工作环境不允许在培训时现场再现一些危险场景。因此要做到现场逃生反应训练，在传统煤矿安全培训中是绝对不可能的。因此现有的煤矿安全培训只能进行一些安全教育，不是常规意义上的安全培训，很难收到应有的效果。

寻找切实有效的安全培训方法，一直是矿山安全培训科研工作者及煤矿管理者追求的目标。虚拟现实技术恰好为矿山安全培训和矿山安全科研提供了理想的辅助平台。虚拟现实的仿真系统创造出的矿山生产环境，尤其是综采面具有逼真、交互作用的特点，非常适合于矿工的技术培训和安全教育。仿真系统不仅可以模拟矿山常规作业环境，而且可以模拟矿山的突发事件环境。矿工们可以在模拟的常规作业环境中接受技术培训，这种培训可以使受训者能够迅速理解和掌握那些在书面资料上很难理解的内容，操作方法的学习、工作技巧的掌握等也变得非常简单和容易。另外矿工们还可以在模拟的突发事件场景中寻找解决方法，并作为安全经验积累下来，这将有助于矿山的安全生产，既可以降低培训费用，又可缩短教学时间。综上所述，开发一套基于虚拟现实的矿山安全培训系统是十分必要的。

1.2 国内外研究现状

1.2.1 国外虚拟现实技术在矿山安全研究的应用现状

目前，虚拟现实技术在国外安全领域已有大量研究和应用，用以加强安全系统设计、安全教育培训，进行事故调查、诊断和研究、安全评价，应急预案演练等，以达到减少安全事故的目的。

美国矿业通过采用计算机仿真模拟、虚拟现实技术，预测采矿过程中由于操作失误、控制系统故障或设备故障等非正常原因导致的危险事故，以及故障在流程中传播的不利后果，并将采矿工艺和安全控制融合在一起，发挥各自的长处，这样就增强了对安全隐患的预见性，大幅度减少煤矿挖掘中的意外险情，同时还可以设定干扰，以确定最佳的安全控制方案和救援预案。通过将符号定向图法（SDG）引入危险与可操作性分析（HAZOP），美国在计算机辅助安全评价方面做出了积极的探索，实现了计算机辅助安全评价技术的飞跃。例如，普渡大学智能过程系统实验室开发完成了 HAZOP Expert 软件，经过在多项石油化工装置安全评价中应用，以及与人工评价结果对照，表明自动评价比较简单、易行，其评价思路与人工评价具有很好的一致性，不但效率高、速度快，而且评价结论的完备性更好。

由 Raghunathan 和 Venkat 于 2000 年开发的快速训练的人工神经元网络故障诊断系统，以仿真技术与其他故障诊断技术结合，提高了符号定向图法（SDG）的诊断能力。该系统用于快速诊断化工过程的事故源。为了适应化工过程的操作复杂程度高、多因素影响及强非线性等特点，该系统采用了快速训练的人工神经元网络技术和过程仿真模型技术，使得该系统的人工神经元网络具有在线更新的应变能力和快速诊断能力。

在矿井事故调查和研究方面，英国诺丁汉大学 AIMS 研究室研究人员目前正致力于矿井火灾 VR 系统的开发，系统通过模拟某个真实的矿井作业环境，并结合网络分析和 CFD 模拟的结果，逼真地再现矿井火灾和瓦斯爆炸等事故发生的动态过程，事故调查者可以从各种角度去观测、分析事故发生的过程，找出事故原因，包括系统设计和现场人员的动作行为。同时通过人机交互式地改变模型中人为因素（如反风、灭火措施等）和环境的参数或状态，从而防止其他与此相关的潜在事故的出现。此类系统的开发，无疑可以广泛地用于矿井火灾的防治、救灾和人员培训等方面。

此外，在矿业领域可以借助 VR 系统虚拟井下各种复杂的作业环境，供采矿工程专业的学生实习训练，还可对井下工人进行上岗前的操作及安全教育培训。英国诺丁汉大学 AIMS 研究中心应用 VR 技术开发的房柱式开采模拟系统 VR-MINE[2]、蓄电池机车模型、露天矿单斗—卡车工艺生产系统[3,4]（见图 1-4）等，分别成功用于相应环境下工作人员的安全技术培训。如用于露天矿卡车司机及相关人员的培训的露天矿卡车模拟器，该

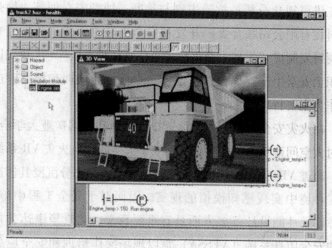

图 1-4 AIMS 露天矿单斗—卡车工艺生产系统

模拟器除了采用一般的 VR 模拟系统硬件及软件进行人机交互外，还可通过方向盘、加速器和刹车板，控制屏幕上卡车的运行。当受训者操作这些硬件时，面对的计算机屏幕或投影大屏幕上呈现出一个三维的真实直观的露天矿作业环境，包括声音、甚至烟雾，如同驾驶着一辆真实的卡车运行在露天矿的矿坑内，无论是驾驶的卡车本身，还是环境中运行的其他设备，均按照受训者的操作或依据系统间的动态关系运行。显然，这种培训手段使人与环境结合起来，通过人机交互使受训者产生身临其境的感觉并达到或超过以往其他安全培训形式所能产生的效果。

1.2.2　国内虚拟现实技术在矿山安全研究的应用现状

我国的矿山 VR 研究起步于 20 世纪末，发展迅速，目前在矿山安全评价、安全监测、安全控制与安全训练、火灾模拟等研究领域取得阶段性进展。VR 技术已成功地应用于揭示工艺过程内在危险；设备结构疲劳分析；毒物泄漏、扩散、爆炸、燃烧三维可视化分析；故障识别与诊断；辅助安全训练。徐州翰林科技有限公司联合煤矿开发和安全生产方面的相关高校专家共同研发制成"煤矿安全生产虚拟仿真培训系统"[5]。系统以煤矿职工安全生产、优化技术设计、安全技能培训和提高矿产效益作为主要目的。

在火灾安全领域，中国科学技术大学和中国矿业大学合作，针对大空间建筑火灾的特点，建立了大空间建筑火灾 VR 系统。

通过 VR 系统真实再现客观环境，使人能充分沉浸其创造的人工环境中实现感知模拟的现实，因而对于安全工程中培训、指挥以及性能设计等多方面具有重要意义。北京华康达公司开发的安全仿真系统（VESSA）是以现场操作培训和安全应急预案演练等企业比较重视的安全内容为目标，结合过程动态仿真技术，采用最先进的计算机虚拟现实仿真技术进行开发的仿真系统平台软件。应用该系统平台，用户可以进行现场操作的模拟，模拟生产的工艺过程、操作过程和事故过程以及各种安全事故应急预案的演练、培训和研究。目前该系统应用于国内石化安全领域，对构建矿山安全仿真平台有借鉴作用。

1.3　本书的主要内容

本书"以煤矿生产仿真技术及基于虚拟现实的矿山安全培训系统"为研究对象，对矿山安全虚拟仿真系统的设计与开发进行了探索性的研究。主要内容如下：

（1）基于虚拟现实的矿山安全培训系统的设计。综合当前世界先进高效的开发思想、方法、技术以及成功案例，考虑系统的开放性、可扩展性、重用性和可移植性等要求，针对矿山生产特点，对系统进行设计，并对其中的主要模块进行分析。

根据当前自身能力，建立了基于虚拟现实的矿山安全培训系统的设计。

（2）矿山安全培训系统模型的构建。考虑场景的真实性和实时性，采用面对对象的方法，将使用者、光线、设备等元素实体化，构造了培训使用的矿山井下虚拟仿真环境，并建设了相应的培训信息库。

（3）矿山安全培训系统的人机控制。充分考虑矿山人员的作业习惯，在已创建的虚拟矿山环境中实现了实时漫游和多通道化，使受训者产生身临其境的感觉，又提出新的交互手段——问答板，能有效地加强培训者的安全知识，达到了安全培训的目的。

虚拟现实技术能适合复杂工程背景的人员培训和操作，它可以实时、逼真地向工程技术人员提供模拟真实环境下的信息，借以减少失误，提高效率和准确性。工程人员可通过虚拟环境，在危险环境下模拟作业，从而避免操作不当而引起的失误，也切实地降低其在真实环境下问题的发生几率。

本书正是基于矿山这个复杂工程背景的前提下，旨在尝试VR技术在我国矿山培训中的应用推广与试验。作为国家安全生产科技发展指导性计划项目——煤矿安全生产过程仿真培训系统研究与实现（06-519），有针对性地在虚拟环境的建立以及用户与虚拟场景的交互等方面进行了探索性的研究工作，达到了预期效果。现将工作总结如下：

（1）根据系统开发的逐步深入，在开放性、扩展性、重用性等原则的基础上，综合目前先进的技术，对系统进行了总体设计；根据目前的设备条件，设计了基于虚拟现实的矿山安全培训系统，并对其中的技术要点进行了分析：普通台式机，而软件编程选用 C ++ 。

（2）在矿山安全培训系统的模型构建过程中，采用面对对象等方法进行设计，借助多种建模和渲染手段，明确了虚拟现实环境下场景模型和各种实体模型的建立原理，并且提出了纹理映射、细节等级技术、光照、着色、雾化等多种模型真实感处理方法。

（3）完成了矿山安全培训系统的基本实现，包括三维引擎的设计、场景载入、动态加载实体模型和碰撞检测。在该虚拟环境中，针对矿山人员培训的特点，使矿山安全培训系统能够达到实时漫游的效果，并实现了多通道化信息交互。在此基础上，本设计利用"问答板"这一交互手段，有效地促进了矿山人员培训的效率。

（4）建立煤矿部分安全培训的电子题库，包括采掘、运输、通风、机电等工种。可以嵌入到系统的问答板中，实现在虚拟环境的仿真培训。

2 虚拟现实技术

VR 技术又称虚拟实境或灵境技术，最初是美国军方开发研究出来的一项计算机技术。到 20 世纪 80 年代末才逐渐为各界所关注。它以计算机技术为主，利用并综合三维图形技术、多媒体技术、仿真技术、传感技术、显示技术、伺服技术等多种高科技的最新发展成果，利用计算机等设备来产生一个逼真的三维视觉、触觉、嗅觉等多种感官体验的虚拟世界，从而使处于虚拟世界中的人产生一种身临其境的感觉。在这个虚拟世界中，人们可直接观察周围世界及物体的内在变化，与其中的物体之间进行自然的交互，并能实时产生与真实世界相同的感觉，使人与计算机融为一体。与传统的模拟技术相比，VR 技术的主要特征是：用户能够进入到一个由计算机系统生成的交互式的三维虚拟环境中，可以与之进行交互。通过参与者与仿真环境的相互作用，并利用人类本身对所接触事物的感知和认知能力，帮助启发参与者的思维，全方位地获取事物的各种空间信息和逻辑信息。

随着计算机技术及相关技术的发展，在 PC 机上实现 VR 技术已成为可能。VR 技术、理论分析、科学实验已成为人类探索客观世界规律的三大手段。VR 技术的发展与普及，改变了过去人与计算机之间枯燥、生硬、被动的交流方式，使人机之间的交互变得更人性化，也同时改变了人们的工作方式和生活方式，改变了人的思想观念。VR 技术将深入到我们的生活中，成为一门艺术、一种文化。据有关权威人士断言，到 21 世纪，人类将进入 VR 的科技新时代，VR 技术将是信息技术的技术。

2.1 虚拟现实技术概述

关于 VR，其实在很久以前就有人提出这一构想。早在 20 世纪 50 年代中期，计算机刚在美国、英国的一些大学出现，电子技术还处于以真空电子管为基础的时候，美国的莫顿·海利希就成功地利用电影技术，通过"拱廓体验"让观众经历了一次美国曼哈顿的想象之旅。但由于当时各方面的条件制约，如缺乏相应的技术支持、没有合适的传播载体、硬件处理设备缺乏等原因，VR 技术并没有得到很大的发展，直到 20 世纪 80 年代末，随着计算机技术的高速发展及互联网技术的普及，才使得 VR 技术得到广泛的应用。

VR 技术的发展大致分为 3 个阶段：20 世纪 50 年代到 70 年代，是 VR 技术的探索阶段；20 世纪 80 年代初期到 80 年代中期，是 VR 技术系统化、从实验室走向实用的阶段；20 世纪 80 年代末期到 21 世纪初，是 VR 技术高速发展的阶段。

第一套具有 VR 思想的装置是莫顿·海利希在 1962 年研制的称为 Sensorama 的具有多种感官刺激的立体电影系统，它是一套只能供个人观看立体电影的设备，采用模拟电子技术与娱乐技术相结合的全新技术，能产生立体声音效果，并能有不同的气味，座位也能根据剧情的变化摇摆或振动，观看时还能感觉到有风在吹动。在当时，这套设备非常先进，但观众只能观看，而不能改变所看到的和所感受到的世界，也就是无交互操作功能。

1965 年，计算机图形学的奠基者美国科学家艾凡·萨瑟兰在一篇名为《终极的显示》的论文中，首次提出了一种假设，观察者不是通过屏幕窗口来观看计算机生成的虚拟世界，而是生成一种直接使观察者沉浸并能互动的环境。这一理论后来被公认为在 VR 技术中起着里程碑的作用，所以我们称他既是"计算机图形学"之父，也是"虚拟现实技术"之父。

在随后几年中，艾凡·萨瑟兰在麻省理工学院开始头盔式显示器的研制工作，人们戴上这个头盔式显示器，就会产生身临其境的感觉。在 1968 年，艾凡·萨瑟兰使用两个可以戴在眼睛上的阴极射线管（CRT）研制出了第一个头盔式显示器（HMD），并发表了《A Head-Mounted 3D Display》的论文，他对头盔式显示器装置的设计要求、构造原理进行了深入的分析，并描绘出这个装置的设计原型，此举成为三维立体显示技术的奠基性成果。在第一个 HMD 的样机完成后不久，研制者们又反复研究，在此基础上把能够模拟力量和触觉的力反馈装置加入到这个系统中，并于 1970 年研制出了第一个功能较齐全的 HMD系统。基于 20 世纪 60 年代以来所取得的一系列成就，美国的 Jaron Lanier 在 20 世纪 80 年代初正式提出了"Virtual Reality"一词。20 世纪 80 年代，美国国家航空航天局（NASA）及美国国防部组织了一系列有关 VR 技术的研究，并取得了令人瞩目的研究成果，从而引起了人们对 VR 技术的广泛关注。1984 年，NASA Ames 研究中心虚拟行星探测实验室的 M. McGreevy 和 J. Humphries 博士组织开发了用于火星探测的虚拟世界视觉显示器，将火星探测器发回的数据输入计算机，为地面研究人员构造了火星表面的三维虚拟世界。在随后的虚拟交互世界工作站（VIEW）项目中，他们又开发了通用多传感个人仿真器和遥控设备。

进入 20 世纪 90 年代后，迅速发展的计算机硬件技术与不断改进的计算机软件系统相匹配，使得基于大型数据集合的声音和图像的实时动画制作成为可能，人机交互系统的设计不断创新，新颖、实用的输入输出设备不断地涌入市场，而这些都为

VR 系统的发展打下了良好的基础。在应用方面，1993 年 11 月，宇航员通过 VR 系统的训练，成功地完成了从航天飞机的运输舱内取出新的望远镜面板的工作，而用 VR 技术设计的波音 777 飞机是虚拟制造的典型应用实例，这是飞机设计史上第一次在设计过程中没有采用实物模型。波音 777 飞机由 300 万个零件组成，所有的设计在一个由数百台工作站组成的虚拟世界中进行。设计师戴上头盔式显示器后，可以穿行于设计的虚拟"飞机"之中，审视"飞机"的各项设计指标。正是由于 VR 技术产生的具有交互作用的虚拟世界，使得人机交互界面更加形象和逼真，越来越激发了人们对 VR 技术的兴趣。近十年来，国内外对此项技术的应用更加广泛，在军事、航空航天、科技开发、商业、医疗、教育、娱乐等多个领域得到越来越广泛的应用，并取得了巨大的经济效益和社会效益。正因为 VR 技术是一个发展前景非常广阔的新技术，因此，人们对它的应用前景充满了憧憬。

2.2　虚拟现实的构成

　　VR 技术是采用以计算机技术为核心的现代高科技技术，生成逼真的视、听、触觉等一体化的虚拟环境，用户借助必要的设备以自然的方式与虚拟世界中的物体进行交互，相互影响，从而产生亲临真实环境的感受和体验。

　　典型的 VR 系统主要由计算机、应用软件系统、输入输出设备、用户和数据库等组成，如图 2-1 所示。

　　(1) 计算机。在 VR 系统中，计算机负责虚拟世界的生成和人机交互的实现。由于虚拟世界本身具有高度复杂性，尤其在某些应用中，如航空航天世界的模拟、大型建筑物的立体显

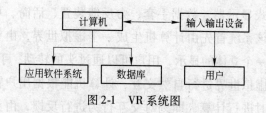

图 2-1 VR 系统图

示、复杂场景的建模等，使得生成虚拟世界所需的计算量极为巨大，因此对 VR 系统中计算机的配置提出了极高的要求。目前，低档的 VR 系统的配置是以 PC 机为基础并配置 3D 图形加速卡；中档的 VR 系统一般采用 SUN 或 SGI 等公司的可视化工作站；高档的 VR 系统则采用分布式的计算机系统，即由几台计算机协同工作。由此可见，计算机是 VR 系统的心脏。

（2）输入输出设备。在 VR 系统中，为了实现人与虚拟世界的自然交互，必须采用特殊的输入输出设备，以识别用户各种形式的输入，并实时生成相应的反馈信息。常用的方式为数据手套与空间位置跟踪定位设备，它可以感知运动物体的位置及旋转方向的变化，通过头盔式显示器等立体显示设备产生相应的图像和声音。通常头盔式显示器中配有空间位置跟踪定位设备，当用户头部的位置发生变化时，空间位置跟踪定位设备检测到位置发生的相应变化，从而通过计算机得到物体运动位置等参数，并输出相应的具有深度信息及宽视野的三维立体图像和生成三维虚拟立体声音。

（3）VR 的应用软件系统及数据库。VR 的应用软件系统可完成的功能包括：虚拟世界中物体的几何模型、物理模型、行为模型的建立，三维虚拟立体声的生成，模型管理技术及实时显示技术，虚拟世界数据库的建立与管理等几部分。虚拟世界数据库主要用于存放整个虚拟世界中所有物体各个方面的信息。

图 2-1 所示的是基于头盔式显示器的 VR 系统，它由计算

机、头盔式显示器、数据手套、力反馈装置、话筒、耳机等设备组成。该系统首先由计算机生成一个虚拟世界，由头盔式显示器输出一个立体的显示，用户可以通过头的转动、手的移动、语音等与虚拟世界进行自然交互，计算机能根据用户输入的各种信息实时进行计算，即刻对交互行为进行反馈，由头盔式显示器更新相应的场景显示，由耳机输出立体声音、由力反馈装置产生触觉（力觉）反馈。

随着对虚拟现实技术研究的深入，人们越来越清晰的认识到：虚拟现实系统应当是以和谐的人机交互环境和系统的适人化为追求目标的多维信息系统，它是人类与计算机和极其复杂的数据进行交互的一种方法，其基础与核心是构造由三维视景组成的"真实"虚拟环境及对这个环境进行交互。

虚拟现实是一种高端人机接口，包括通过视觉、听觉、嗅觉和味觉等多种感觉通道的实时模拟和实时交互[6]。它从根本上改变人与计算机系统的交互方式，目前已在工业制造虚拟设计、虚拟建筑物的设计与参观、虚拟作战环境、科学计算可视化、飞行模拟、医学、教育、娱乐等领域获得广泛的应用。虚拟现实技术被专家学者公认为是 21 世纪可能促进社会发生巨大变化的三大技术之一，而且随着虚拟现实技术的不断发展，必将展示出更加广阔的应用前景。

Burdea. G 在 Eletro'93 国际会议上所发表的 "Virtual Reality System and Application" 一文中，提出了一个"虚拟现实技术的三角形"（如图 2-2 所示），用以简洁地说明虚拟现实系统的基本特征。根据虚拟现实技术三角形概念，任何一个虚拟现实系统都可以用三个"I"来描述其特征，这就是 Immersion（沉浸性，也称临场感），Interaction（交互性）和 Imagination（构想、想象力）[7]。

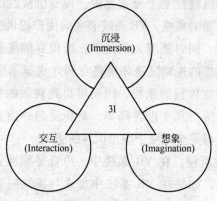

图 2-2 虚拟现实的基本特征——3I

2.2.1 沉浸性

沉浸性（Immersion）是指用户感受到被虚拟世界所包围，好像完全置身于虚拟世界之中一样。VR 技术最主要的技术特征是让用户觉得自己是计算机系统所创建的虚拟世界中的一部分，使用户由观察者变成参与者，沉浸其中并参与虚拟世界的活动。理想的虚拟世界应该达到使用户难以分辨真假的程度，甚至超越真实，实现比现实更逼真的照明和音响效果。

沉浸性来源于对虚拟世界的多感知性，除了常见的视觉感知外，还有听觉感知、力觉感知、触觉感知、运动感知、味觉感知、嗅觉感知等。理论上来说，VR 系统应该具备人在现实世界中具有的所有感知功能，但鉴于目前技术的局限性，在现在的 VR 系统的研究与应用中，较为成熟或相对成熟的主要是视觉沉浸、听觉沉浸、触觉沉浸技术，而有关味觉与嗅觉的感知技术正在研究之中，目前还很不成熟。

（1）视觉沉浸。VR 系统向用户提供虚拟世界真实的、直观的三维立体视图，并直接接受用户的控制。在 VR 系统中，产生视觉方面的沉浸性是十分重要的。视觉沉浸性的建立依赖于用户与合成图像的集成，VR 系统必须向用户提供立体三维效果及较宽的视野，同时随着人的运动，所得到的场景也随之实时地改变。较理想的视觉沉浸环境是在洞穴式显示设备（CAVE）中，采用多面立体投影系统，因而可得到较强的视觉效果。另外，可将此系统与真实世界隔离，避免受到外面真实世界的影响，用户可获得完全沉浸于虚拟世界的感觉。

（2）听觉沉浸。在 VR 系统中，声音是除视觉以外的一个重要感觉通道，如果在 VR 系统中加入与视觉同步的声音效果作为补充，在很大程度上可提高 VR 系统的沉浸效果。在 VR 系统中，主要让用户感觉到的是三维空间的虚拟声音，这与普通立体声有所不同。普通立体声可使人感觉声音来自于某个平面，而三维虚拟声音可使听者能感觉到声音来自于一个围绕双耳的球形空间的任何位置。它可以模拟大范围的声音效果，如闪电、雷鸣、波浪等自然现象的声音。在沉浸式三维虚拟世界中，两个物体碰撞时，也会出现碰撞声音，让用户能根据声音准确判断出碰撞发生的位置。

（3）触觉沉浸。在虚拟世界中，人们可以借助于各种相应的交互设备，使用户体验抓、握等操作的感觉。当然，从现在技术来说不可能达到与真实世界完全相同的触觉沉浸，将来也不可能，除非技术发展到同人脑能进行直接交流，而目前的技术水平主要侧重于力反馈方面。可以使用充气式手套，在虚拟世界中与物体相接触时，能产生与真实世界相同的感觉，如在建筑小区浏览时，用手推门不仅门被打开，同时手上也感觉到门对手的阻力（手感）。

2.2.2 交互性

交互性（Interaction）是指用户对虚拟环境内的物体的可操

作程度和从环境得到反馈的自然程度（包括实时性）。参与者能够对虚拟环境进行实时的操纵，并能从虚拟环境中得到反馈的信息，也能使系统了解参与者关键部位的位置、状态、变形等各种需要系统知道的数据。例如，用户可以用手直接抓取虚拟环境中的物体，这时手有触摸感，并可以感觉物体的重量，场景中被抓的物体也立刻随着手的移动而移动。

交互性（Interactivity）的产生，主要借助于 VR 系统中的特殊硬件设备（如数据手套、力反馈装置等），使用户能通过自然的方式，产生同在真实世界中一样的感觉。例如，用户可以用手直接抓取虚拟世界中的物体，这时手有触摸感，并可以感觉到物体的重量，能区分所拿的是石头还是海绵，并且场景中被抓的物体也能立刻随手的运动而移动。

VR 系统比较强调人与虚拟世界之间进行自然的交互，如人的走动、头的转动、手的移动等，通过这些方式与虚拟世界进行交互。这与传统的多媒体交互方式有较大的区别：在传统的多媒体技术中，人机之间的交互工具从计算机发明直到现在，还主要是键盘与鼠标，通过键盘与鼠标进行一维、二维的交互；而在 VR 系统中，人们甚至可以意识不到计算机的存在。交互性的另一个方面主要表现了交互的实时性。例如：头转动时能立即在所显示的场景中产生相应的变化，并且能得到相应的其他反馈；用手移动虚拟世界中的一个物体，物体位置会立即发生相应的变化。

2.2.3 想象性

想象力（Imagination）是指用户沉浸在多维信息空间中，依靠自己的感知和认知能力全方位地获取知识，发挥主观能动性，寻求解答，形成新的概念。因为虚拟现实不仅仅是一种媒体或者用户的高端接口，而且还是针对某一特定领域、解决某些问题的应用，为了解决这些问题，不仅需要了解应用的需求，而且要有丰富的想象力。作为虚拟世界的创造者，想象力已经成为虚拟现实系统设计中最关键的问题之一[8]。

想象性（Imagination）指虚拟的环境是人想象出来的，同时这种想象体现出设计者相应的思想，因而可以用来实现一定的目标。所以说 VR 技术不仅仅是一个媒体或一个高级用户界面，同时它还是为解决工程、医学、军事等方面的问题而由开发者设计出来的应用软件。通常它以夸大的形式反映设计者的思想，VR 系统的开发是 VR 技术与设计者并行操作，是为发挥设计者的创造性而设计的。VR 技术的应用，为人类认识世界提供了一种全新的方法和手段，可以使人类跨越时间与空间，去经历和体验世界上早已发生或尚未发生的事件；可以使人类突破生理上的限制，进入宏观或微观世界进行研究和探索；也可以模拟某些因条件限制等原因而难以实现的事情。

例如在建设一座大楼之前，传统的方法是要绘制各种图纸，而现在可以采用 VR 系统来进行设计与仿真。制作的 VR 作品反映的就是某个设计者的思想，而它的功能远比那些呆板的图纸生动强大得多，所以有些学者称 VR 为放大人们心灵的工具或人工现实（Artifical Reality），这就是 VR 所具有的第三类特征——想象性。

现在，VR 技术在许多领域中起着十分重要的作用，如核试验、新型武器设计、医疗手术的模拟与训练、自然灾害预报等，这些问题如果采用传统方式去解决，必然要花费大量的人力、物力及漫长的时间，有些还是无法进行的，有些甚至会牺牲人员的生命。而 VR 技术的出现，为解决和处理这些问题提供了新的方法及思路，人们借助 VR 技术，沉浸在多维信息空间中，依靠自己的感知和认知能力全方位地获取知识，发挥主观能动性，寻求答案，找到新的解决问题的方法和手段。

综上所述，VR 系统具有的沉浸性、交互性、想象性，使参与者能沉浸于虚拟世界之中并进行交互。VR 系统是人们可以通过视、听、触觉等信息通道感受到设计者思想的高级用户界面。

根据虚拟现实的技术特征，发展起来关键技术包括实物虚化、虚物实化和高性能的计算处理技术三个主要方面。实物虚化是将现实世界的多维信息映射到计算机的数字空间生成相应的虚拟世界，为高性能的计算处理提供必要的信息数据。虚物实化通过各种计算和仿真技术使计算机生成的虚拟世界中的事物所产生的各种刺激以尽可能自然的方式反馈给用户。

2.2.4 实物虚化

实物虚化主要包括基本模型构建、空间跟踪、声音定位、视觉跟踪和视点感应等关键技术，这些技术使得真实感虚拟世界的生成、虚拟环境对用户操作的检测和操作数据的获取成为可能。

（1）基本模型构建技术。基本模型的构建是应用计算机技术生成虚拟世界的基础，它将真实世界的对象物体在相应的三维虚拟世界中重构，并根据系统需求保存部分物理属性。模型构建首先要建立对象物体的几何模型，确定其空间位置和几何元素的属性。例如，通过 CAD/CAM 或二维图纸构建产品或建筑的三维几何模型；通过 GIS 数据和卫星、遥感或航拍照片构造大型虚拟战场。为了增强虚拟环境的真实感，物理特性和行为规则建模要表现出对象物体的质量、动量、材料等物理特性，并在虚拟环境中遵循一定的运动和动力学规律。

当几何模型和物理模型很难准确地刻画出真实世界中存在

的某些特别对象或现象时，可根据具体的需要采用一些特别的模型构建方法。例如，可以对气象数据进行建模生成虚拟环境的气象情况（阴天、晴天、雨、雾）。

（2）空间跟踪技术。虚拟环境的空间跟踪主要是通过头盔显示器、数据手套、数据衣等交互设备上的空间传感器，确定用户的头、手、躯体或其他操作物在三维虚拟环境中的位置和方向。

跟踪系统一般由发射器、接收器和电子部件组成。目前的跟踪系统有电磁、机械、光学、超声等几类。

数据手套是 VR 系统常用的人机交互设备，它可测量出手的位置和形状从而实现环境中的虚拟手及其对虚拟物体的操纵。Cyber Glove 通过手指上的弯曲、扭曲传感器和手掌上的弯度、弧度传感器，确定手及关节的位置和方向。

（3）声音跟踪技术。利用不同声源的声音到达某一特定地点的时间差、相位差、声压差等进行虚拟环境的声音跟踪是实物虚化的重要组成部分。声波飞行时间测量法和相位相干测量法是两种可以实现声音位置跟踪的基本算法。在小的操作范围内，声波飞行时间法能表现出较好的精确度和相应性。随操作范围的扩大，声波飞行时间法的数据传输率降低，易受伪声音的脉冲干扰。相位相干法本质上不易受到噪声干扰，并允许过滤冗余数据存在且不会引起滞留。但相位相干法不能直接测量距离而只能测量位置的变化，易受累计误差的干扰。

声音跟踪一般包括若干个发射器、接收器和控制单元。它可以与头盔显示器相连，也可以与数据衣、数据手套等其他设备相连。

（4）视觉跟踪与视点感应技术。实物虚化的视觉跟踪技术使用从视频摄像机到 X-Y 平面阵列，周围光或者跟踪光在图像投影平面不同时刻和不同位置上的投影，计算被跟踪对象的位置和方向。视觉跟踪的实现必须考虑精度和操作范围间的折中选择，采用多发射器和多传感器的设计能增强视觉跟踪的准确性，但使系统变得复杂并且昂贵。

视点感应必须与显示技术相结合，采用多种定位方法（眼罩定位、头盔显示、遥视技术和基于眼肌的感应技术）可确定用户在某一时刻的视线。例如将视点检测和感应技术集成到头盔显示系统中，飞行员仅靠"注视"就可在某些非常时期操纵虚拟开关或进行飞行控制。

2.2.5 虚物实化

确保用户在虚拟环境中获取视觉、听觉、力觉和触觉等感官认知的关键技术，是虚物实化的主要研究内容。

（1）视觉感知。虚拟环境中大部分具有一定形状的物体或现象，可以通过多种途径使用户产生真实感很强的视觉感知。CRT 显示器、大屏幕投影、多方位电子墙、立体眼镜、头盔显示器（HMD）等是 VR 系统中常见的显示设备。不同的头盔显示器具有不同的显示技术，根据光学图像被提供的方式，头盔显示设备可分为投影式和直视式。

能增强虚拟环境真实感的立体显示技术，可以使用户的左、右眼看到有视差的两幅平面图像，并在大脑中将它们合成并产生立体视觉感知。头盔显示器、立体眼镜是两种常见的立体显示设备。目前，基于激光全息计算的立体显示技术、用激光束直接在视网膜上成像的显示技术正在研究之中。

（2）听觉感知。听觉是仅次于视觉的感知途径，虚拟环境的声音效果，可以弥补视觉效果的不足，增强环境逼真度。

用户所感受的三维立体声音，有助于用户在操作中对声音定位。传统声音模型的定位是根据声源到达听者两耳的时间差

itd 和声源对左、右两耳的压力差 iid 来定位的，但它无法解释单耳定位。现代声音模型侧重于用头部相关传递函数 hrtf 描述声音从声源到外耳道的传播过程，并可以支持单耳定位。hrtf 主要用滤波的方法来模拟头部效应、耳廓效应和头部遮掩效应。NASA 空军研究中心曾经在人工耳道中放入很小的麦克风，记录许多不同声源对头部的脉冲响应，然后根据 hrtf 与脉冲结果，产生虚拟环境的位置感。

（3）力觉和触觉感知。能否让参与者产生"沉浸"感的关键因素之一是用户能否在操纵虚拟物体的同时，感受到虚拟物体的反作用力，从而产生触觉和力觉感知。例如，当你用手扳动虚拟驾驶系统的汽车挡位杆时，你的手能感觉到挡位杆的震动和松紧。力觉感知主要由计算机通过力反馈手套、力反馈操纵杆对手指产生运动阻尼从而使用户感受到作用力的方向和大小。由于人的力觉感知非常敏感，一般精度的装置根本无法满足要求，而研制高精度力反馈装置又相当困难和昂贵，这是人们面临的难题之一。如果没有触觉反馈，当用户接触到虚拟世界的某一物体时容易使手穿过物体。解决这种问题的有效方法是在用户的交互设备中增加触觉反馈。触觉反馈主要是基于视觉、气压感、振动触感、电子触感和神经肌肉模拟等方法来实现的。向皮肤反馈可变电脉冲的电子触感反馈和直接刺激皮层的神经肌肉模拟反馈都不太安全，相对而言，气压式和振动触感式是较为安全的触觉反馈方法。

2.2.6 高性能计算处理技术

虚拟现实是以计算机技术为核心的现代高新科技，高性能的计算处理技术是直接影响系统性能的关键所在。具有计算速度快，处理能力强，存储容量大和联网特性强等特征的高性能计算处理技术主要包括以下研究内容：

（1）服务于实物虚化和虚物实化的数据转换和数据预处理；

（2）实时、逼真图形图像生成与显示技术；

（3）多种声音的合成与声音空间化技术；

（4）多维信息数据的融合、数据转换、数据压缩、数据标准化以及数据库的生成；

（5）模式识别。如命令识别、语音识别，以及手势和人的面部表情信息的检测、合成和识别；

（6）高级计算模型的研究。如专家系统、自组织神经网、遗传算法等；

（7）分布式与并行计算，以及高速、大规模的远程网络技术。

2.2.7　分布式虚拟现实

分布式虚拟现实的研究目标是建立一个可供多用户同时异地参与的分布式虚拟环境，处于不同地理位置的用户如同进入到一个真实世界，不受物理时空的限制，通过姿势、声音或文字等"在一起"进行交流、学习、研讨、训练、娱乐，甚至协同完成同一件比较复杂的产品设计或进行同一艰难任务的演练。

分布式虚拟现实的研究有两大阵营。一个是国际互联网上的分布式虚拟现实，如基于 VRML 标准的远程虚拟购物。另一个是在由军方投资的高速专用网，如采用 ATM 技术的美国军方国防仿真互联网 DSI。

2.3　虚拟现实技术的分类

近十年来，随着计算机技术、网络技术等新技术的高速发展及应用，VR 技术发展迅速，并呈现多样化的发展势态，其内涵已经大大扩展。现在，VR 技术不仅指那些高档工作站、头盔式显示器等一系列昂贵设备采用的技术，而且包括一切与其有关的具有自然交互、逼真体验的技术与方法。VR 技术的目的在于达到真实的体验和面向自然的交互，因此，只要是能达到上述部分目的的系统就可以称为 VR 系统。

当然更重要的是，一般的单位或个人是不可能承受昂贵的硬件设备及相应软件的价格的。在实际应用中，根据 VR 技术对沉浸程度的高低和交互程度的不同，将 VR 系统划分了 4 种类型：沉浸式 VR 系统、桌面式 VR 系统、增强式 VR 系统、分布式 VR 系统。其中桌面式 VR 系统因其技术非常简单，需投入的成本也不高，在实际应用中较广泛。

2.3.1　沉浸式 VR 系统

沉浸式 VR 系统提供完全沉浸的体验，使用户有一种完全置身于虚拟世界之中的感觉。它通常采用头盔式显示器、洞穴式立体显示等设备，把参与者的视觉、听觉和其他感觉封闭起来，并提供一个新的、虚拟的感觉空间，利用空间位置跟踪定位设备、数据手套、其他手控输入设备、声音设备等使得参与者产生一种完全投入并沉浸于其中的感觉，是一种较理想的 VR 系统。

2.3.1.1　沉浸式 VR 系统的特点

（1）高度的沉浸感。沉浸式 VR 系统采用多种输入与输出设备来营造一个虚拟的世界，并使用户沉浸于其中，同时还可以使用户与真实世界完全隔离，不受外面真实世界的影响。

（2）高度实时性。在虚拟世界中要达到与真实世界相同的感觉，如当人运动时，空间位置跟踪定位设备需及时检测到，并且经过计算机运算，输出相应的场景变化，并且这个变化必须是及时的，延迟时间要很小。

2.3.1.2 沉浸式 VR 系统的分类

常见的沉浸式 VR 系统有：基于头盔式显示器的 VR 系统、投影式 VR 系统、遥在系统。基于头盔式显示器或投影式 VR 系统是采用头盔式显示器或投影式显示系统来实现完全投入。它把现实世界与之隔离，使参与者从听觉到视觉都能投入到虚拟环境中去。

遥在系统是一种远程控制形式，常用于 VR 系统与机器人技术相结合的系统。在网络中，当在某处的操作人员操作一个 VR 系统时，其结果却在很远的另一个地方发生，这种系统需要一个立体显示器和两台摄像机以生成三维图像，这种环境使得操作人员有一种深度沉浸的感觉，因而在观看虚拟世界时更清晰。有时候操作人员可以戴一个头盔式显示器，它与远程网络平台上的摄像机相连接，输入设备中的空间位置跟踪定位设备可以控制摄像机的方向、运动，甚至可以控制自动操纵臂或机械手，自动操纵臂可以将远程状态反馈给操作员，使得他可以精确地定位和操纵该自动操纵臂。

2.3.2 桌面式 VR 系统

桌面式 VR 系统也称窗口 VR，它是利用个人计算机或图形工作站等设备，采用立体图形、自然交互技术，产生三维立体空间的交互场景，利用计算机的屏幕作为观察虚拟世界的一个窗口，通过各种输入设备实现与虚拟世界的交互。

桌面式 VR 系统一般要求参与者使用空间位置跟踪定位设备

和其他输入设备，如数据手套和 6 个自由度的三维空间鼠标，使用户虽然坐在监视器前，却可以通过计算机屏幕观察 360°范围内的虚拟世界。

在桌面式 VR 系统中，计算机的屏幕是用户观察虚拟世界的一个窗口，在一些 VR 工具软件的帮助下，参与者可以在仿真过程中进行各种设计。使用的硬件设备主要是立体眼镜和一些交互设备（如数据手套、空间位置跟踪定位设备等）。立体眼镜用来观看计算机屏幕中虚拟三维场景的立体效果，它所带来的立体视觉能使用户产生一定程度的沉浸感。有时为了增强桌面式 VR 系统的效果，在桌面式 VR 系统中还可以加入专业的投影设备，以达到增大屏幕观看范围的目的。

桌面式 VR 系统具有以下主要特点：

（1）对硬件要求极低，有时只需要计算机或是增加数据手套、空间位置跟踪定位设备等。

（2）缺少完全沉浸感，参与者不完全沉浸，因为即使戴上立体眼镜，仍然会受到周围现实世界的干扰。

（3）应用比较普遍，因为它的成本相对较低，而且它也具备了沉浸式 VR 系统的一些技术要求。

作为开发者和应用者来说，从成本等角度考虑，采用桌面式 VR 技术往往被认为是从事 VR 研究工作的必经阶段。

常见的桌面式 VR 系统工具有：全景技术软件 QuickTime VR、虚拟现实建模语言 VRML、网络三维互动 Cult3D、Java3D 等，主要用于 CAD（计算机辅助设计）、CAM（计算机辅助制造）、建筑设计、桌面游戏等领域。

2.3.3 增强式 VR 系统

在沉浸式 VR 系统中强调人的沉浸感，即沉浸在虚拟世界中，人所处的虚拟世界与真实世界相隔离，感觉不到真实世界的存在；而增强式 VR 系统简称增强现实（AR），它既允许用户看到真实世界，同时也能看到叠加在真实世界上的虚拟对象，它是把真实环境和虚拟环境结合起来的一种系统，既可减少构成复杂场景的开销（因为部分虚拟环境由真实环境构成），又可对实际物体进行操作（因为部分物体是真实环境），真正达到了亦真亦幻的境界。在增强式 VR 系统中，虚拟对象所提供的信息往往是用户无法凭借其自身感觉器官直接感知的深层信息，用户可以利用虚拟对象所提供的信息来加强对现实世界的认知，这就是增强式 VR 系统。

增强式 VR 系统有以下 3 个特点：

（1）真实世界和虚拟世界融为一体。

（2）具有实时人机交互功能。

（3）真实世界和虚拟世界是在三维空间中整合的。

增强式 VR 系统可以在真实的环境中增加虚拟物体，如在室内设计中，可以在门、窗上增加装饰材料，改变各种式样、颜色等来审视最后的效果，以达到增强现实的目的。

常见的增强式 VR 系统有：基于台式图形显示器的系统、基于单眼显示器的系统（一个眼睛看到显示屏上的虚拟世界，另一只眼睛看到的是真实世界）、基于透视式头盔式显示器的系统。

目前，增强式 VR 系统常用于医学可视化、军用飞机导航、设备维护与修理、娱乐、文物古迹的复原等领域。典型的实例是医生做手术时，可戴上透视式头盔式显示器，这样既可看到做手术现场的真实情况，也可以看到手术中所需的各种资料。

2.3.4 分布式 VR 系统

近年来，计算机、通信技术的同步发展和相互促进成为全世界信息技术与产业飞速发展的主要特征。特别是网络技术的迅速崛起，使得信息应用系统在深度和广度上发生了本质性的变化，分布式 VR 系统（DVR）是一个较为典型的实例。DVR 系统是 VR 技术和网络技术发展和结合的产物，是一个在网络的虚拟世界中，位于不同物理位置的多个用户或多个虚拟世界，通过网络连接成共享信息的系统。DVR 系统的目标是在沉浸式 VR 系统的基础上，将地理上分布的多个用户或多个虚拟世界通过网络连接在一起，使每个用户同时加入到一个虚拟空间里（真实感三维立体图形、立体声），通过联网的计算机与其他用户进行交互，共同体验虚拟经历，以达到协同工作的目的，它将虚拟提升到了一个更高的境界。

VR 系统运行在分布式世界中有两方面的原因：一方面是充分利用分布式计算机系统提供的强大计算能力；另一方面是有些应用本身具有分布特性，如多人通过网络进行游戏和虚拟战争模拟等。

2.3.4.1　分布式 VR 系统的特点

（1）各用户具有共享的虚拟工作空间。

（2）伪实体的行为真实感。

（3）支持实时交互，共享时钟。

（4）多个用户可用各自不同的方式相互通信。

（5）资源信息共享以及允许用户自然操纵虚拟世界中的对象。

2.3.4.2　分布式 VR 系统的分类

根据分布式 VR 系统中所运行的共享应用系统的个数，可以把它分为集中式结构和复制式结构两种。

（1）集中式结构。集中式结构是指在中心服务器上运行一个共享应用系统，该系统可以是会议代理或对话管理进程，中心服务器对多个参加者的输入和输出操作进行管理，允许多个参加者信息共享。集中式结构的优点是结构简单，同时，由于同步操作只在中心服务器上完成，因而比较容易实现。缺点是：由于输入和输出都要对其他所有的工作站广播，因此，对网络通信带宽有较高的要求；所有的活动都要通过中心服务器来协调，当参加者人数较多时，中心服务器往往会成为整个系统的瓶颈；另外，由于整个系统对网络延迟十分敏感，并且高度依赖于中心服务器，所以，这种结构的系统坚固性不如复制式结构。

（2）复制式结构。复制式结构是指在每个参加者所在的计算机上复制中心服务器，这样每个参加者进程都有一份共享的应用系统。中心服务器接收来自于其他工作站的输入信息，并把信息传送到运行在本地机的应用系统中，由应用系统进行所需的计算并产生必要的输出。复制式结构的优点是：所需网络带宽较小；由于每个参加者只与应用系统的局部备份进行交互，所以，交互式响应效果好；在局部主机上生成输出，简化了异种机器环境下的操作；复制应用系统依然是单线程，必要时把自己的状态多点广播到其他用户。其缺点是比集中式结构复杂，在维护共享应用系统中的多个备份的信息或状态一致性方面比较困难，需要有控制机制来保证每个用户得到相同的输入事件序列，以实现共享应用系统中所有备份的同步，并且用户接收到的输出应具有一致性。

目前，最典型的应用是 SIMNET 系统，SIMNET 由坦克仿真器通过网络连接而成，用于部队的联合训练。通过 SIMNET，位于德国的仿真器可以和位于美国的仿真器运行在同一个虚拟世界中，参与同一场作战演习。

2.3.5 虚拟现实技术的应用

VR 技术问世以来，为人机交互界面开辟了广阔的天地，带来了巨大的社会、经济效益。在当今世界上，许多发达国家都在大力研究、开发和应用这一技术，积极探索其在各个领域中的应用。统计结果表明：VR 技术目前在军事、航空、医学、机器人、娱乐业的应用占据主流地位；其次是教育、艺术和商业方面；另外，在可视化计算、制造业等领域也有相当的比重，并且现在的应用也越来越广泛，其中应用增长最快的是制造业。

2.4 虚拟现实的关键技术

实物虚化、虚物实化和高性能的计算处理技术是 VR 技术的三个主要方面[9]。实物虚化是将现实世界的多维信息映射到计算机的数字空间生成相应的虚拟世界，为高性能的计算处理提供必要的信息数据。虚物实化则通过各种计算和仿真技术，使计算机生成的虚拟世界中的事物产生的各种刺激，以尽可能自然的方式反馈给用户。

2.4.1 实物虚化

实物虚化主要包括基本模型构建、空间跟踪、声音定位、视觉跟踪和视点感应等关键技术，这些技术使得真实感虚拟世界的生成、虚拟环境对用户操作的检测和操作数据的获取成为可能。

2.4.1.1 基本模型构建技术

基本模型的构建是应用计算机技术生成虚拟世界的基础，

它将真实世界的对象物体在相应的三维虚拟世界中重构，并根据系统需求保存部分物理属性。

模型构建首先要建立对象物体的几何模型，确定其空间位置和几何元素的属性。例如，通过 CAD/CAM 或二维图纸构建产品或建筑的三维几何模型；通过 GIS 数据和卫星、遥感或航拍照片构造大型虚拟战场。

为了增强虚拟环境的真实感，物理特性和行为规则建模要表现出对象物体的质量、动量、材料等物理特性，并在虚拟环境中遵循一定的运动和动力学规律。

当几何模型和物理模型很难准确地刻画出真实世界中存在的某些特别对象或现象时，可根据具体的需要采用一些特别的模型构建方法。例如，可以对气象数据进行建模生成虚拟环境的气象情况（阴天、晴天、雨、雾）。

2.4.1.2 空间跟踪技术

虚拟环境的空间跟踪主要是通过头盔显示器、数据手套、数据衣等交互设备上的空间传感器，确定用户的头、手、躯体或其他操作物在三维虚拟环境中的位置和方向[10]。跟踪系统一般由发射器、接收器和电子部件组成。目前的跟踪系统有电磁、机械、光学、超声等几类。

数据手套是 VR 系统常用的人机交互设备，它可测量出手的位置和形状从而实现环境中的虚拟手及其对虚拟物体的操纵。通过手指上的弯曲、扭曲传感器和手掌上的弯度、弧度传感器，确定手及关节的位置和方向。

2.4.1.3 声音跟踪技术

利用不同声源的声音到达某一特定地点的时间差、相位差、声压差等进行虚拟环境的声音跟踪是实物虚化的重要组成部分。声波飞行时间测量法和相位相干测量法是两种可以实现声音位置跟踪的基本算法。在小的操作范围内，声波飞行时间法能表现出较好的精确度和相应性。随操作范围的扩大，声波飞行时间法的数据传输率降低，易受伪声音的脉冲干扰。相位相干法本质上不易受到噪声干扰，并允许过滤冗余数据存在且不会引起滞留。但相位相干法不能直接测量距离而只能测量位置的变化，易受累计误差的干扰。

声音跟踪一般包括若干个发射器、接收器和控制单元。它可以与头盔显示器相连，也可以与数据衣、数据手套等其他设备相连。

2.4.1.4 视觉跟踪与视点感应技术

实物虚化的视觉跟踪技术使用从视频摄像机到 X-Y 平面阵列，周围光或者跟踪光在图像投影平面不同时刻和不同位置上的投影，计算被跟踪对象的位置和方向。视觉跟踪的实现必须考虑精度和操作范围间的折中选择，采用多发射器和多传感器的设计能增强视觉跟踪的准确性，但使系统变得复杂并且昂贵。

视点感应必须与显示技术相结合，采用多种定位方法（眼罩定位、头盔显示、遥视技术和基于眼肌的感应技术）可确定用户在某一时刻的视线。例如将视点检测和感应技术集成到头盔显示系统中，飞行员仅靠"注视"就可在某些非常时期操纵虚拟开关或进行飞行控制。

2.4.2 虚物实化

确保用户在虚拟环境中获取视觉、听觉、力觉和触觉等感官认知的关键技术，是虚物实化的主要研究内容。

2.4.2.1 视觉感知

虚拟环境中大部分具有一定形状的物体或现象，可以通过多种途径使用户产生真实感很强的视觉感知。CRT 显示器、大屏幕投影、多方位电子墙、立体眼镜、头盔显示器（HMD）等是 VR 系统中常见的显示设备。不同的头盔显示器具有不同的显示技术，根据光学图像被提供的方式，头盔显示设备可分为投影式和直视式。

能增强虚拟环境真实感的立体显示技术，可以使用户的左、右眼看到有视差的两幅平面图像，并在大脑中将它们合成并产生立体视觉感知。头盔显示器、立体眼镜是两种常见的立体显示设备。目前，基于激光全息计算的立体显示技术、用激光束直接在视网膜上成像的显示技术正在研究之中。

2.4.2.2 听觉感知

听觉是仅次于视觉的感知途径，虚拟环境的声音效果，可以弥补视觉效果的不足，增强环境逼真度。用户所感受的三维立体声音，有助于用户在操作中对声音定位。传统声音模型的定位是根据声源到达听者两耳的时间差 ITD 和声源对左、右两耳的压力差 IID 来定位的，但它无法解释单耳定位。现代声音模型侧重于用头部相关传递函数 HRTF，描述声音从声源到外耳道的传播过程，并可以支持单耳定位。FIRTF 主要用滤波的方法来模拟头部效应、耳廓效应和头部遮掩效应。NASA 空军研究中心曾经在人工耳道中放入很小的麦克风，记录许多不同声源对头部的脉冲响应，然后根据 HRTF 与脉冲结果，产生虚拟环境的位置感。

2.4.2.3　力觉和触觉感知

能否让参与者产生"沉浸"感的关键因素之一是用户能否在操纵虚拟物体的同时，感受到虚拟物体的反作用力，从而产生触觉和力觉感知。力觉感知主要由计算机通过力反馈手套、力反馈操纵杆对手指产生运动阻尼从而使用户感受到作用力的方向和大小。由于人的力觉感知非常敏感，一般精度的装置根本无法满足要求，而研制高精度力反馈装置又相当困难和昂贵，这是人们面临的难题之一。

如果没有触觉反馈，当用户接触到虚拟世界的某一物体时容易使手穿过物体。解决这种问题的有效方法是在用户的交互设备中增加触觉反馈。触觉反馈主要是基于视觉、气压感、振动触感、电子触感和神经肌肉模拟等方法来实现的。向皮肤反馈可变电脉冲的电子触感反馈和直接刺激皮层的神经肌肉模拟反馈都不太安全，相对而言，气压式和振动触感式是较为安全的触觉反馈方法。

2.4.3　高性能计算处理

虚拟现实是以计算机技术为核心的现代高新科技，高性能的计算处理技术是直接影响系统性能的关键所在。具有高计算速度、强处理能力、大存储容量和强联网特性等特征的高性能计算处理技术主要包括以下研究内容：

（1）服务于实物虚化和虚物实化的数据转换和数据预处理；

（2）实时、逼真图形图像生成与显示技术；

（3）多种声音的合成与声音空间化技术；

（4）多维信息数据的融合、数据转换、数据压缩、数据标准化以及数据库的生成；

（5）模式识别，如命令识别、语音识别以及手势和人的面部表情信息的检测、合成和识别；

（6）高级计算模型的研究。如专家系统、自组织神经网、遗传算法等；

（7）分布式与并行计算，以及高速、大规模的远程网络技术。

2.5 虚拟现实系统的构成和分类

虚拟现实（VR）系统的通用体系结构[10]，如图 2-3 所示，主要由 VR 引擎和输入输出设备等组成，包括高性能可视化计算机系统及其配套的虚拟现实软件，负责数据存储管理、数据处理、图形图像处理以及音频视频信号处理等工作；虚拟现实外设则包括虚拟现实输出设备和用户输入、跟踪和控制设备，充当人（用户）与虚拟现实引擎之间的交互接口。

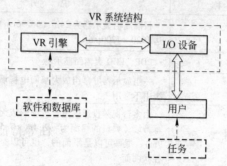

图 2-3　VR 系统的通用体系结构图

VR 引擎是任何 VR 系统的关键部分，它从输入设备中读取数据，访问与任务相关的数据库，执行任务要求的实时计算，从而实时更新虚拟世界的状态，并把结果反馈给显示设备。

VR 引擎必须具有高性能计算和图形图像处理能力，一般支持多通道图像输出。对图像显示有很高的实时和动态要求，图像显示变化的速率不能低于每秒 15~30 帧，也就是说虚拟世界的生命周期只有不到 30~60ms，VR 引擎必须在这一周期内完成一个场景的渲染。每个场景的渲染工作量（负载）与虚拟场景的类型，对象复杂性以及渲染模型、方法、精度要求、纹理映射等诸多因素有关。VR 系统中一般要求立体图像的生成，因此需两个图形图像加速器进行场景的渲染，又由于场景幅面大，常用多个图形图像加速器渲染后通过多通道输出合成大的场景。

　　虚拟现实输出设备由可视化视频显示设备和音频等信号生成设备组成，一般包括：幅面大、亮度高的投影仪和显示屏；集中的数据、音频和光线控制系统；立体观察设备；高保真度、多通道音频/视频播放设备；输入控制器等。可视化显示设备种类繁多，常见的如表 2-1 所示。

表 2-1　常见的可视化显示设备

设 备 名 称	说　　明
台式显示器	目前高档显示器为 24in（60.96cm），最高分辨率达 1920×1200pdi
大型监视器	PDP、LCD 大幅面显示器
电视墙	一组显示器屏幕组成大幅面电视墙，虚拟现实系统中不常用
大屏幕显示幕墙	由多台视频投影仪组合投影形成无缝拼接的大屏幕幕墙，典型的幅面为（2.4m×7.5m）~（3m×9m），屏幕可以是平面的，也可以是 120°~180° 的柱状曲面
半圆形屋顶显示幕	多台视频投影仪组合投影到半圆形屋顶显示幕，无缝拼接成穹式屏幕
CAVE（封闭式显示屋）	多台视频投影仪组合投影到显示屋的四周墙壁和地面上，形成环绕型、大视角、全景式的显示环境
头盔式显示器（HMD）	头盔式显示器由两个小显示器组成，为双眼提供不同的显示图像，形成立体效果，显示器一般为 LCD 或 CRT，分辨率已达 1280×1024pdi

设 备 名 称	说 明
三维立体显示器	可以直接显示立体图像，主要有边光显示器和透视棱镜等种类，目前成本较高，应用不多
立体眼镜	立体眼镜的镜片由液晶快门组成，通电后能实现高速的左右切换，使用户左右眼睛看到不同的图像，从而产生立体感觉

交互性是虚拟现实系统的特性之一，因此在虚拟现实系统中除了可视化显示等设备外，还需要有特殊的人机交互设备，以便用户能对系统和数据进行控制，以及系统对人的位置、运动和命令进行跟踪。现介绍几种常见的设备。

（1）三维位置跟踪器：跟踪参与者的三维位置和运动，一般采用非接触式跟踪技术，包括磁场、超声波、雷达、摄像机等；

（2）数据手套：检测手指和手的动作及状态，通常利用光电传感、电磁传感技术；

（3）数据衣：基于光导跟踪技术的数据衣，可监测人全身的位置和运动，适合于一主多从或同步系统；

（4）三维鼠标：三维立体鼠标可以感受用户在6个自由度上的运动，实现虚拟现实对象（环境）的三维控制操作；

（5）操纵杆：操作杆是三维游戏中常见的操作工具，可以用于用户对方向和力量的控制。

根据用户参与VR的不同形式以及沉浸的程度不同，我们可以把各种类型的虚拟现实技术划分为四类：桌面型的虚拟现实系统；投影式VR系统；CAVE系统；分布式VR系统。桌面型的虚拟现实系统由于没有昂贵的硬件和软件支持，成本低，目前应用较为广泛。

3 煤矿系统四种灾情的介绍

在本章将介绍煤矿系统的 4 种灾情，包括冒顶事故、透水事故、煤矿粉尘（矿尘）及瓦斯爆炸事故，且本章中只对这 4 种灾情做简单的概述与分析。

3.1 冒顶事故

3.1.1 冒顶事故发生的原因

在井下矿山开采过程中，经常发生冒顶事故（见图 3-1）。正常状况下，岩矿在地壳内部是处于应力平衡状态的。由于开掘、采矿、切割了岩矿，破坏了原岩的应力平衡状态，使井巷、采场周围岩矿的应力重新分布，主要表现为巷道或采空区两边的压应力和顶板的拉应力，加上岩层的纹理、断裂构造等共同

图 3-1 煤矿冒顶事故图

图 3-2 煤矿冒顶失火事故图

作用，使顶板岩矿出现了变形。当岩矿变形所产生的压力大于顶板所能承受的极限时，顶板岩矿就发生坍塌冒落。顶板冒落就是造成冒顶事故的客观原因，由于客观上存在不安全因素，当人的不安全行为与之相交时事故的发生就成了必然。

（1）思想麻痹、疏忽大意、检查方法不妥、检查不周；

（2）管理不严，违章操作；

（3）矿岩物理性质变化，安全措施未能跟上；

（4）操作技术不熟，处理方法不当；

（5）采矿设计欠佳，施工管理不善。

3.1.2 防止冒顶事故产生的措施

从冒顶事故的原因分析可以看出，要防止冒顶事故的发生，必须从多方面采取综合治理的方针，严格遵守安全技术操作规程和动作程序标准。

（1）科学观测；

（2）顶板松石的检查与处理；

（3）顶板的管理；

（4）提高操作人员素质；

（5）选择合理的采矿方法。

3.2 透水事故

3.2.1 透水事故原理

（1）矿井在建设和生产过程中，地面水和地下水通过裂隙、断层、塌陷区等各种通道涌入矿井，当矿井涌水超过正常排水能力时，就造成矿井水灾，通常也称为透水；

（2）煤矿透水事故是指煤矿在开采过程中地表水、采空水或者是相邻煤矿报废矿井，接近河流、湖泊、水库、蓄水池等相通的断层破碎带流入井田造成事故的就叫做煤矿透水事故。

3.2.2 透水事故发生时的注意事项及自救措施

3.2.2.1 透水后现场人员撤退时的注意事项

（1）透水后，应在可能的情况下迅速观察和判断透水的地点、水源、涌水量、发生原因、危害程度等情况，根据预防灾害计划中规定的撤退路线，迅速撤退到透水地点以上的水平，而不能进入透水点附近及下方的独头巷道；

（2）行进中，应靠近巷道一侧，抓牢支架或其他固定物体，尽量避开压力水头和泄水主流，并注意防止被水中滚动岩石和木料撞伤；

（3）如透水后破坏了巷道中的照明和路标，迷失行进方向时，遇险人员应朝着有风流通过的上山巷道方向撤退；

（4）在撤退沿途和所经过的巷道交叉口，应留设指示行进方向的明显标志，以提示救护人员注意；

（5）人员撤退到竖井，需从梯子间上去时，应遵守秩序，禁止慌乱和争抢。行动中手要抓牢，脚要蹬稳，切实注意自己和他人的安全；

（6）如唯一的出口被水封堵的人员无法撤退时，应有组织地在独头工作面躲避，等待救护人员的营救，严禁盲目潜水逃生等冒险行为。

3.2.2.2 被矿井水灾围困时的避灾自救措施

（1）当现场人员被涌水围困无法退出时，应迅速进入预先筑好的避难洞室中避灾，或选择合适地点快速建筑临时避难洞室避灾。如果是采空透水，则须在避难洞室处建临时挡墙或吊挂风帘，防止被涌出的有害气体伤害。进入避难洞室前，应在洞室外留设明显标志。

（2）在避灾期间，遇险矿工要有良好的精神心理状态，情绪安定、自信乐观、意志坚强。要坚信上级领导一定会组织人员快速营救；坚信在班组长和有经验老工人的带领下，一定能够克服各种困难，共渡难关，安全脱险。要做好长时间避灾的准备，除轮流担任岗哨观察水情的人员外，其余人员均应静卧，以减少体力和空气消耗。

（3）避灾时，应用敲击的方法有规律、间断地发出呼救信号，向营救人员指示躲避处的位置。

（4）被困期间断绝食物后，即使在饥饿难忍的情况下，也应努力克制自己，决不嚼食杂物充饥。需要饮用井下水时，应选择适宜的水源，并用纱布或衣服过滤。

（5）长时间被困在井下，发觉救护人员到来营救时，避灾人员不可过度兴奋和慌乱。得救后，不可吃硬质和过量的食物，要避开强烈的光线，以防发生意外。

图 3-3 为煤矿透水事故的示意图。

图 3-3 煤矿透水事故

3.3　煤矿粉尘（矿尘）事故

　　矿尘是悬浮在矿井空气中的固体矿物微粒，对矿井的安全生产有着严重的影响。

3.3.1　基本概念和理论概述

　　矿尘是指在矿山生产和建设过程中所产生的各种煤、岩微粒的总称。在某些综采工作面割煤时，工作面煤尘浓度高达$4000 \sim 8000 \mathrm{mg/m^3}$，有的甚至更高。在矿山生产过程中，如钻眼作业、炸药爆破、掘进机及采煤机作业、顶板管理、矿物的装载及运输等各个环节都会产生大量的矿尘。而不同矿井由于煤、岩地质条件和物理性质的不同，以及采掘方法、作业方式、通风状况和机械化程度的不同，矿尘的生成量有很大的差异；即使在同一矿井里，产出粉尘的多少也因地因时发生着变化。一般来说，在现有防尘技术措施的条件下，各生产环节产生的浮游矿尘比例大致为：采煤工作面产尘量占 45% ~ 80%；掘进工作面产尘量占 20% ~ 38%；锚喷作业点产出粉尘量占 10% ~ 15%；运输通风巷道产尘量占 5% ~ 10%；其他作业点占 2% ~ 5%。各作业点随机械化程度的提高，矿尘的生成量也将增大，因此防尘工作也就更加重要。

3.3.2　矿尘分类

　　矿尘除按其成分可分为岩尘、煤尘等多种无机矿尘外，尚有多种不同的分类方法，下面介绍几种常用的分类方法。

3.3.2.1　按矿尘的存在状态划分

　　（1）浮游矿尘。悬浮于矿内空气中的矿尘，简称浮尘。

（2）沉积矿尘。从矿内空气中沉降下来的矿尘，简称落尘。

3.3.2.2 按矿尘的粒径组成范围划分

（1）全尘（总矿尘）。各种粒径矿尘的总和。对于煤尘，常指粒径为1mm以下的尘粒。

（2）呼吸性矿尘。主要指粒径在5μm以下的微细尘粒，它能通过人体上呼吸道进入肺区，是导致尘肺病的病因，对人体危害甚大。矿尘的荷电性对矿尘在空气中的稳定程度有影响，同性电荷相斥，增加了尘粒浮游在空间的稳定性，异性电荷相吸，可使尘粒撞击而凝聚，加速沉降。超声波除尘就是利用了这一特性。实测井下矿尘的电荷，见表3-1。

表3-1　井下矿尘的电荷

作业方式	带正电荷粒子/%	带负电荷粒子/%	不带电粒子/%
干式凿岩	49.8	44.0	6.2
湿式凿岩	46.7	43.0	10.3
爆　破	34.5	50.6	14.9

3.3.3　矿尘的特性

（1）矿尘的悬浮性。分散度高的尘粒可以较长时间在空气中悬浮，不易降落，这是微细矿尘的一种物理特性，叫悬浮性。据实验，不同粒度的煤尘在静止的空气中从1m高处自由降落到底板所需的时间如表3-2所示。

表3-2　不同粒度的煤尘从1m高处自由降落到底板所需时间

煤尘粒度/μm	100	10	1	0.5	0.2
降落时间	2.6s	4.4min	7h	22h	92h

（2）矿尘的成分。煤矿岩石巷道掘进，特别是在砂岩中掘进时，产生的矿尘中游离二氧化硅含量都比较高，一般为20%~50%；煤尘中游离二氧化硅含量一般不超过5%；锚喷支护时，水泥矿尘中的二氧化硅主要为结合状态，危害性不大，但长期

吸入水泥矿尘，能引起水泥尘肺、肺气肿等。

（3）矿尘的吸湿性。矿尘与空气中的水分结合的现象叫吸湿性或者叫湿润性。各种矿尘可根据它与水分结合的程度分为亲水性和疏水性两类。这种分类是相对的，对于粒度 5μm 以下的呼吸性矿尘，即使是亲水性的，也只有在尘粒与水滴具有相对速度的情况下才能被湿润。亲水性矿尘表面吸附能力强，易于与水结合，使矿尘直径增大、重量增加而易于降落。喷雾防尘就是利用这个原理。

（4）矿尘的荷电性。尘粒由于在粉碎过程和在空气流动中摩擦而带有电荷，悬浮在空气中的矿尘亦可直接吸附空气中的离子而产生电荷。非金属性尘粒及酸性氧化物矿尘如二氧化硅、铝矾土等带正电荷；金属性尘粒及碱性氧化物矿尘如石灰石尘粒等带负电荷。尘粒的荷电量与尘粒的密度、湿度、温度有关。温度升高，荷电量增加。湿度增加，荷电量降低。

（5）矿尘的光学特性。矿尘的光学特性包括矿尘对光的反射、吸收和透光强度等性能。在测量粉尘技术中，常常用到这一特性。

3.3.4 矿尘灾害的形式

矿尘具有很大的危害性，表现在以下几个方面：

（1）污染工作场所，引起职业病。轻者会患呼吸道炎症、皮肤病，重者会患尘肺病；

（2）某些矿尘（如煤尘、硫化尘）在一定条件下可以爆炸，致爆原理见图3-4和图3-5；

（3）加速机械磨损，缩短精密仪器使用寿命；

（4）降低工作场所能见度，增加工伤事故的发生。

其中，以尘肺病和矿尘爆炸危害最大，直接危害工人身体健康和生命安全。

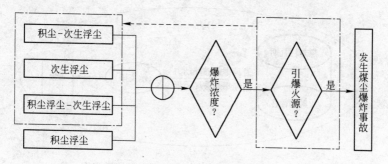

图 3-4 积尘导致爆炸的成因图

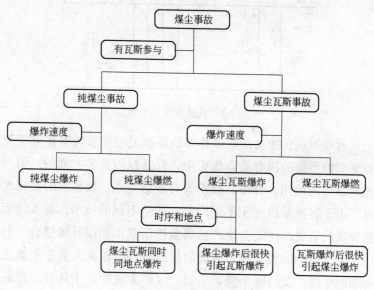

图 3-5 煤尘致爆原理图

3.4 瓦斯爆炸事故

瓦斯事故是我国当前煤矿生产的主要灾害,而装备矿井安全监测监控装置又是防止瓦斯事故最重要的现代化手段之一。瓦斯爆炸事故系统示意图见图 3-6,爆炸模型见图 3-7。

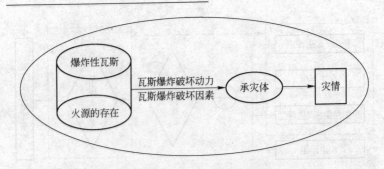

图 3-6   瓦斯爆炸事故危险源灾害系统示意图

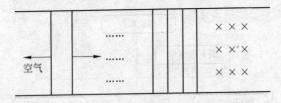

图 3-7   瓦斯爆炸模型图

近年来重、特大瓦斯爆炸事故多次发生在装备有矿井安全监测监控系统的国有重点煤矿中，究其原因是多方面的，但与监测系统的使用、管理、技术等有密切关系，如系统的集成度低。由于各种系统建于不同时期，使用不同的技术，各系统无法有效的集成，使安全生产监测监控信息不能很好地整合、利用，安全生产信息及时、准确的传送到各级相关人员手中缺乏有效的手段，仅局限于煤矿一级。煤矿火灾的发生具有一定的突然性，其发展又具有一定的连续性，对矿井设备具有极大的破坏性，对井下工作人员甚至是部分地面工作人员的安全均有很大的威胁。煤矿火灾事故的这些特点，使得灾害发生后，井下工作人员的自救、互救以及井上救灾指挥员的指挥和救护队员的救护工作显得尤为重要。国内外矿业工作者都极为重视提高灾害时期救护工作的实效性，即提高遇险人员的自救、互救能力，提高现场指挥员的决策准确性以及救护队员的战斗力。

因此，如何有效地防止这些灾害事故的发生，如何保证灾害发生后能及时有效地发现并控制灾害，以及如何在灾害发生后组织灾害现场人员有效地撤离现场或让处于现场的人员懂得如何采取自救措施，是当前摆在矿山火灾救护人员面前的紧迫任务。研究矿井火灾害防治的 VR 系统，首先要解决两个关键技术：一个是灾害的数值模拟；另一个是灾害现象的真实描述。其中第二个问题的基础数据来自于第一个问题的计算结果，第一个问题是用数值模拟方法将矿井火灾时期温度场及烟流场分布情况表现出来。如何将火灾时期火灾现象及烟尘流流动形态用可视化的方式表现出来是矿井灾害防治 VR 系统的基础，也是技术难点。

目前软件采用多种算法模拟火焰，如基于细胞自动机的火焰模型、基于扩散过程的火焰模型及基于粒子系统算法模型等。上述方法基本上是一种简单的形态表现，仅是让观察者看到出火焰或烟尘流形态，而不是与现实世界实际的火焰或烟尘流流动相匹配，即无法将第一个问题计算得出的数值模拟结果与这些软件联系起来。现实煤矿中火灾的火焰、烟尘流流动的形态是多种多样的，随风流、障碍物的不同而呈不同的流动形态，其具体形态应来自数值模拟结果，而不是预先设定的简单形态。

图 3-8　瓦斯爆炸事故图　　　　图 3-9　瓦斯爆炸失火事故图

4 虚拟矿井生产系统建模研究

由于矿山是一个真三维动态地理/地质环境，所有矿山生产与组织活动均是在真三维地理/地质环境中进行的。因此真正实用的虚拟矿山系统（Virtual Mine System，VMS）必须是真三维的，即必须以三维地学模拟（3D Geoscience Modeling，3DGM）为基础。数字矿山（Digital Mine，DM）是21世纪新经济条件下利用信息技术改造传统产业的矿山科技创新与发展战略，而3DGM与VMS则是实施DM战略的关键技术。本章从系统演化的角度出发，应用复杂适应系统和人工智能的思想，以期建立模拟虚拟矿井生产系统的模型。

4.1 研究的理论基础

矿山的自然地质现象与人造工程如矿体、地层、断裂、钻孔、井巷、采空区等，都是三维空间实体。二维或基于DEM/DTM的4.5维GIS、VMS都难以表达复杂的地下三维地质与工程问题及进行矿山空间分析，包括复杂矿体、断层、褶皱等不连续体的真3D建模、地质体任意剖面生成、3D可视化等。近年，真3DGM、地面地下工程的空间整合分析、3D动态模拟、3D地学可视化与地学多维图解的集成等问题，已成为GIS的技术前沿和攻关热点。如何对这些多维空间数据进行集成管理、动态处理和时空分析，是国内外学术界和工程应用面临的一大理论与技术难题。3DGM技术就是为了解决地学领域中遇到的三维问题，如三维地层、断裂、矿体和巷道的显示、三维巷道的空间拓扑分析、三维矿体的体积与储量计算等问题而提出来的。3DGM 是由勘探地质学、数学地质、地球物理、矿山测量、矿井地质、GIS、图形图像学、科学可视化（SciV）等学科交叉而形成的一门新型学科。它由加拿大 Simon W. Houlding 于 1993 年首先提出，其含义为：3EDGM 是一门运用现代空间信息理论来研究地层及其环境的信息处理、数据组织、空间建模与数字表达，并运用 SciV 来对地层及其环境进行真三维再现和可视化交互的科学与技术。

虚拟矿井生产系统是一个复杂系统，其演化必然要遵从复杂系统的演化规律。发生学的结构主义主张历时态的研究方法，重在揭示复杂系统结构的发生根源以及结构的变化过程；复杂适应理论（CAS）认为系统复杂性来源于系统内部适应性的个体对外部环境的适应；人工智能（AI）理论则通过建立单主体结构模型以及多主体交互模型来求解复杂问题；多主体之间的交互作用可以用博弈理论进行研究。

4.1.1 发生学结构主义

目前国内外矿业界已开发出的 VMS 大都是基于地学表面特征的 4.5D 系统，而不是基于真 3D 的地层环境与采矿工程的整合模拟。这就限制了 VMS 对矿井开挖、岩层运动、力场演变等地层内部三维现象进行再现及动态可视化的能力。

发生学结构主义是由瑞士心理学家皮亚杰提出来的。他高度客观地总结了近几十年来数学、物理学、心理学、语言学和社会研究中取得重大成果的结构主义方法，于 1976 年出版了《结构主义》一书。书中，皮亚杰指出结构主义的共同特点有两点：第一是认为一个研究领域里要找出能够不向外面寻求解释说明的规律，能够建立起自己说明自己的结构来；第二是从实际找出来的结构要能够形式化，作为公式而作演绎法的应用。在此基础上，他进一步概括出如下三条基本的原则。

4.1.1.1　整体性

著名的理论物理学家普朗克认为："科学是内在的整体，它被分解为单独的整体不是取决于事物本身，而是取决于人类认识能力的局限性。实际上存在着从物理学到化学，通过生物学和人类学到社会学的连续的链条"[35]。从这个观点看，以往的自然科学和社会科学研究虽然取得了极大的成果，但只是覆盖了这根链条，而没有连接起来研究，所基于的研究方法主要的仍然是还原论的定量方法。还原论方法是把事物分割开来进行研究，然后再拼凑起来，以为低层次和局部问题弄清楚了，高层次和整体问题也就自然清楚了。然而，现代系统科学理论表明，还原论的方法可以解决一加一等于二的问题，如现行系统中的叠加原理，但是解决不了一加一大于二的问题，如非线性问题。整体可以具有其部分所没有的性质。整体可以大于部分之和，也可以小于部分之和。因此，要研究一个结构或系统，必须在分解还原的同时，还应进行整体研究，研究那些构成结构各部分之间的联合关系。

结构主义一开始便明确了这样一个对立关系即结构与组成元素之间的对立关系，认为任何结构中各个部分不是孤立存在的，而是作为和其他部分的关系存在的。整体论的哲学分析方法虽然扬弃了还原论的方法，但并不拒绝对构成整体的部分的研究，认为整体与部分之间除了存在着对立外还存在着内在的统一性。整体的性质不是从整体外去寻找，而是由互相依存的各个部分的关系来说明。皮亚杰指出，一个结构是由若干个成分所组成的，但是这些成分是服从于能说明体系成为体系特点的一些规律的。这些所谓组成规律，并不能还原为一些简单的相加关系，这些规律把不同于各种成分所有的种种性质的整体性质赋予作为全体的组成。如泡利不相容原理，内稳态的自调节，公正分配，等等。那么，结构中各部分之间的关系是如何确定的呢？皮亚杰认为通过转换规律来确定。

4.1.1.2 转换性

结构的各个部分必须满足转换规则。根据这个规则，可以把结构某一部分转换成相应的另一部分。于是，结构中的每一部分都依赖于结构中存在的其他部分，从而构成一个部分之间相互依赖相互规定的关系网。正是转换规则规定了主体之间的关系，把部分连成整体，产生整体的性质。皮亚杰指出："如果说被构成的这些整体性的特质是由于它们的组成规律而得来的，那么这些规律从性质上来说就是起着结构作用的。""一切已知的结构，从最初级的数学'群'结构，到规定亲属关系的结构等，都是一些转换体系。"

4.1.1.3 自身的调整性

结构中各个部分存在着互相调节的能力。皮亚杰举出群对运算的封闭性，生物体的内稳态和反馈机制。这种自身调整性带来了结构的守恒性和某种封闭性。一个结构所固有的各种转换不会越出结构的边界之外，只会产生总是属于这个结构并保存该结构的规律的成分。这实际上就是结构的稳定机制。皮亚杰认为，调解有两个等级，"有一些调节作用，依然留在已经构成或差不多构成完成了的结构的内部，成为在平衡状态下完成导致结构自身调整的自身调节作用。另一些调节作用，却参与构造新的结构，把早先的一个或多个结构合并构成新结构，并把这些结构以在更大结构里的子结构的形式，整合在新结构里面。"于是，自身调整性导致了结构及结构层次的涌现。正是结构的这个要素使皮亚杰的结构主义具有了建构和演化的特点。

在《发生认识论》中，皮亚杰对行为主义的刺激→反应（S→R）公式提出了改进。他说："更确切一些，应写作 S（A）R，其中 A 是刺激向某个反应格局的同化，而同化才是引起反应的根源。"首先，主体把刺激纳入原有的格局中并将其同化，由于同化作用，主体于是能对刺激做出反应。皮亚杰认为，同化有三种水平：在物质上，把环境的成分作为养料，同化体内的形式；感知运动智力，即把自己的行为加以组织；逻辑智力，把经验的内容同化为自己的思想形式。但是，同化不能使格局改变或创新，只有自我调节才能起这种作用。调节是指主体受到刺激或环境的作用而引起和促进原有模型的变化和创新以适应外界环境的过程。通过适应，同化和调节这两种活动达到相对平衡。平衡既是一种状态，又是一种过程，而处于平衡状态的格局常常作为主体间描述和预言彼此行为的依据，但平衡状态又不是绝对静止的，一个较低水平的平衡状态，通过组成结构各部分之间即结构和环境之间的相互作用，就过渡到一个较高水平的平衡状态。平衡的这种连续不断地发展，就是系统或结构的涌现及演化过程。由此看来，结构不再是一成不变的先验图式，而是具有发生、形成和发展的过程，因而它具有动态的生命的特征。玻姆认为："适应是制定一个共同的尺度。适应的实例是符合、适合、模仿、遵守规则，等等。而'同化'是'消化'或使之成为一个全面的和不可分割的整体（包括自身在内），因此同化的意思是'悟'。"

于是，原来人们所理解的由自然界到思想或者由思想到自然界的模式被打破了，形成了这样的三项式，即自在客体→主体→观念客体。这里，主体及其思维结构成了自在客体与观念客体之间的转换器，自在客体经过主体的转换形成了观念客体，其中主体是主动的，是信息转换的加工、调节系统。

这个三项式结构，实际上凸现了思维的建构性问题：

（1）客体的形成，一方面受到自在客体的决定，表现为输入系统，另一方面又受到主体的思维结构的决定，只有这两方面同时起作用，才有作为输出系统的观念客体。

（2）在这三项中，主体表现为唯一的主动者，它以自己已经具有的思维结构去选择、处理输入系统，形成输出系统，从形式上和功能过程来考察，这仿佛是主体在建构着客体，即主体以自己的思维结构分解、过滤、转化着自在客体的信息，建构成观念客体。可以认为，自在客体具有无限的可能性，它本身是什么的问题就像问微观粒子是什么一样是没有意义的，而思维结构此时就像是一个作用于自在客体的算符，其本征态就是观念客体。

自身调整性对结构是极为重要的，它既保证了结构作为整体的存在（相对稳定的状态）又赋予了结构对环境的适应能力（不断完善自身的建构过程）。

从结构的这三个要素出发，我们可以将结构视作由具有整体性的若干转换规则组成的一个有自身调整性质的图式体系。皮亚杰对结构主义哲学原理的概括深刻而准确。正是这三条原理构成了结构主义大厦的支柱。但是皮亚杰的原则基本上是从各门学科的具体研究中归纳出来的。人们自然可以进一步追问：为什么结构主义方法的这三条原则是有效的呢？它们成立的根据是什么？或者说，结构主义作为一种方法，有没有更现实的基础呢？最后，也是最重要的一点，当我们运用这种方法去处理一个实际的系统时，它是否具有现实的可操作性呢？更具体地说是否存在一种算法能实现这三条基本原则呢？为此，我们将目光转向由美国学者霍兰创立的复杂适应系统理论。

4.1.2　复杂适应系统（CAS）理论

复杂适应系统理论是由圣达菲研究所（SFI）约翰·霍兰提出的。他认为复杂性是由系统适应性所产生的必然后果。围绕着这一基本观点，霍兰提出了适应性主体的概念，并且构造了适应性主体行为的基本模型。

CAS理论最基本的思想可以概括如下：组成系统的成员我们称之为具有适应性的主体，简称主体。所谓适应性，使之能够通过规则与环境以及其他主体进行交流，在这种交流过程中"学习"或"积累经验"，并且根据学到的经验改变自身的结构和行为规则。整个系统的演化，包括新层次的产生，分化和多样性的出现，新的、聚合而成的、更大的主体的出现等等，都是在这个基础上出现的。因此，CAS具有发生、形成和演化的过程，这是一个复杂性逐渐增长的过程。CAS最核心的概念是适应性主体（Adaptive agent）。适应性主体是复杂适应系统的基本组元，它是具有主动性的、积极的"活的"主体；它拥有自身的目的；根据外界环境以及周围主体的变化不断变换自己的行为规则以及内部结构；它能够从过去的经验中学习，不断提高自己的判断和决策能力。

要建立一个关于复杂适应系统的基本理论必须建立一些最基本的概念。霍兰根据以往研究遗传算法和系统模拟的经验，提出了CAS系统在适应和演化过程中的七个要素：聚集、标识、非线性、流、多样性、内部模型、积木。在这七个要素中，聚集、非线性、流、多样性是CAS的性质，而标识、内部模型、积木是构成 CAS 的机制。

(1) 聚集、标识、非线性与流。首先，同类主体的聚集形成更大的主体，从而导致层次的涌现。但是并不是任意两个主体都可以聚集在一起，只有那些为了完成共同功能的主体之间才存在这种聚集关系。这共同的功能需要赋予一种可以辨认的形式，这形式即是我们这里所谓的标识。标识如同纽带，由它所引到的聚集实际上就是主体之间的功能耦合[37]。所谓耦合，使之构成整体各部分的性质和存在是互为条件、互为因果的，而这又正体现了结构主义的第二个要素——结构的各部分必须满足转换规则。因此，复杂适应系统可以认为是一个主体之间的功能耦合网。之所以说它是一个"网"而不是"链"，在于强调它的层次和并行性，各层次的主体之间以及主体与环境之间进行着物质、能量和信息的交流，构成这种交流关系的要素有三：结构、连接器和资源。对于生产系统演化，这三要素可以表示为：工种班组、生产调度系统和生产设施。作为功能耦合网的"流"既表示一种矿井生产资源的流量又存在着方向性并且沿着该方向导致矿井生产资源获取（如矿井生产系统中的损耗等）。这些"流"的渠道是否畅通，反应迅速到什么程度，都直接影响到系统的演化过程。然而，主体之间、层次之间的相互关系一般来说并不构成简单的"整体等于部分之和"的线性关系，而是会产生诸如混沌、分岔、分形和奇怪吸引子等复杂现象的非线性耦合关系。可以这么说，非线性是还原论之所以失效的根本所在，因此可以认为它是复杂之源。非线性的一个特征是它的稳态，因此可以说非线性也是 CAS 通过演化实现自身适应性的调整，从而体现结构主义第三个要素的动力之源。在复杂适应系统理论中非线性是内在于行为规则的。

(2) 多样性。由于不同工种之间层次之间，以及工种与环境之间的相互作用是非线性的，而且由这种关系导致的结构有可能是不稳定的，因此一个复杂适应系统必须具有相对的稳定性。对于 CAS 来说，稳定性只是一个相对的均衡状态，要想在与环境的适应演化过程中始终保持 CAS 的动态均衡，系统必须具有适应方式的多样性。一个主体在复杂适应系统这个功能耦合网中占据什么"生态位"，完全由他与其他主体之间的相互作用即在这个网中它能行使什么功能来决定。一个生产系统计划的策划、制定、决策、实施以至于撤销，必然会暂时对整个矿井生产系统产生一定程度的扰动，但多样性能保证有足够多的生产系统计划来争夺这个空缺的生态位，从而在一番调整之后产生一个新的计划。新计划或许在细节上与旧计划有所不同，但其对整个生产系统的效率与安全性的功能却是相似的。这就是所谓的"趋同现象"或涌现，它保证了系统作为整体的存在。一般来说，多样性包含两个方面的内容：一方面是可能性的多样性，另一方面是稳定状态的多样性。前者为涌现提供了条件，而后者则为演化开辟了可能的途径。CAS 的多样性是一个动态模式，使系统不断适应的结果。不同生产环境，不同设备操作，生产演化系统每一次对环境新的适应都为进一步的相互作用和新的生产系统计划的产生提供可能。

（3）内部模型与积木。虚拟矿工要适应环境就必须对外在的刺激做出适当的反应，而反应的方式由内部模型所决定。内部模型，盖尔曼和皮亚杰称之为 Schema（译为图式或格局），它实际上代表了主体对外在刺激的反应能力。比如，生产系统决策者必然是选择那些最有利于生产系统高效安全的计划来实施，而最有利于生产系统高效安全等这些概念是内化在生产系统决策者心中的、对未来预期的一种概念图式。这种概念图式便称为生产系统决策者的内部决策模型。从前面我们对发生学结构主义第三个要素——自身调整性的讨论中可知，内部模型既是建构的也是演化的。因此，当我们考虑复杂系统主体的内部模型时，必须考虑到主体对外在刺激的不完全观察与反应即所谓的有限理性，有时也要考虑主体在与环境的相互作用过程中通过学习而导致的内部模型的演化。这样就要求我们不能将所有主体视为同质的而忽略主体的某些特质。由于相互作用的非线性，某些似乎是不起眼的特征往往可能会带来意想不到的结果，比如会带来新的可能的生产系统构想。因此，所谓的内部模型实际上就是作用于外在世界的算符。

最后，复杂系统常常是相对简单的一些部分通过改变组合方式而形成的。因此，事实上的复杂性往往不在于构件的多少和大小，而在于原有构件重新组合的方式。构件其实上就是子系统已经建立起的稳态。在很多情况下，旧的内部模型常常扮演构件的角色，通过重新组合而生成新的内部模型。

实际上，复杂适应系统还有一个基本的要素，这就是适应度函数。霍兰虽然讨论了适应度函数，但是由于某种原因没有将它视作基本的要素。每一个主体都联系着一个适应度函数，用来度量适应性或者在任意时刻主体拥有的生存能力。适应度函数是主体特征的某个线性或非线性函数。在生产系统演化工程中，一个主体的适应度可以是所拥有的设备、工种、素质以及生产系统决策能力的一个函数。一般来说，适应度函数既与主体自己目前所处的状态有关，也与主体所在的复杂系统中其他主体的所处的状态和复杂系统整体在环境中的状态有关。

（4）复杂适应系统的反应模型。复杂适应系统的基本反应模型也就是适应性主体的反应模型。主体的基本反应模型是刺激—反应规则。适应性主体的刺激—反应规则有三个主要组成部分：探测器，IF/THEN 规则和效应器。探测器代表了主体从环境中抽取信息的能力，IF/THEN 规则代表了处理这些信息的能力，而效应器则代表了它反作用于环境的能力。

4.1.3　人工智能（AI）理论

人工智能是 20 世纪 50 年代正式提出的概念。它来源于数理逻辑、自动机理论、控制论、信息论、仿生学、计算机、心理学等学科。它的出现，主要是为了解决在现实世界中复杂难解的非线性问题，这类问题通常是没有固定的算法可以遵循的。

4.1.3.1　人工智能理论的提出

人工智能研究的前身是利用启发式算法求解、简化复杂问题。求解这类问题的最大特点就是并不需要得出问题的最优解，而只是得到满意解就可以了。正是因为这个原因，1956 年在 Dartmouth 大学的夏季研讨会上由几位心理学家、数学家、计算机科学家以及信息论学者正式提出了人工智能的概念。

早期的人工智能研究集中在博弈程序、游戏等领域。在 20 世纪 50 年代由 Newell、Simon 等人研制出启发式程序并对一些数学定理作了证明；由 Samuel 研制成功了具有学习能力的启发式博弈程序；由 McCarthy 建立了人工智能程序设计语言。

进入 20 世纪 60 年代，人工智能开始研究搜索问题以及通用问题的求解，取得了一些研究成果。如 Feigenbaum 研制的 DEN-DAL 化学专家系统，Quillian 提出了语义网络的知识表示方法。

70~80 年代以后，许多学者开始研究分布式人工智能（DAI），提出 agent 的概念，并用自然语言、符号表示等手段构造单 agent 的内部模型以及多 agent 的交互求解。

近年来，人工智能的研究集中体现在单 agent 模型的构造与分类、多 agent 的协商与求解。提出了社会型 agent、流动 agent、软件 agent 等概念，并开始将 agent 研究转化为对实际问题的研究。

4.1.3.2 人工智能理论的研究内容

虚拟矿工及其智慧性能是矿山人工智能研究的重点。人工智能的研究的核心是 agent（也称委托人或代理人）。对 agent 的研究可以分为对 agent 含义和特性的研究以及对多 agent 系统的研究。

A agent 的含义与特性

agent 的含义很丰富，对 agent 的定义也有很多。比如，Minsky 认为 agent 是社会中经过协商可以求得问题的解的个体，还认为 agent 是具有技能的个体，agent 应该具有社会交互性和职能性。Wooldridge 和 Jennings 认为 agent 应该具有自主性、社会交互性、反应能力和预动能力。Rusell 认为 agent 能通过感知了解环境并做出动作。Nwawa 认为 agent 是一种可以根据用户的利益完成某些任务的软件和/或硬件实体，他进一步认为，agent 是一个类，包括有许多特定 agent 的类型，实际问题的求解可以转化为对具体 agent 的定义。Pattie Maes 认为 agent 是一类嵌入复杂、动态环境中的计算机系统，它可以感知、作用于环境，并且希望通过动作的执行实现一定的目标或任务。FIPA 认为 agent 是一类嵌入环境内的实体，可以解释反映环境事件的"传感器"数据，并通过执行动作影响环境。

最被广泛接受的定义是 Wooldridge 在研究 agent 特性中给出的 agent 的弱定义和强定义。他认为，弱定义的 agent 是具有自治性、社会性、反应性和能动性等特性的计算机软、硬件系统；而强定义的 agent 的除了具有以上特性外，还具有人类的诸如知识、信念、义务、意向等精神上的观念，情感和能力等抽象的概念。可以看出，人们对 agent 的理解从实时的与变化的环境交互的规划系统到具备人类精神状态、感情的 agent，跨越了人工控制到初步具有主动性的阶段。而且，随着 agent 概念在越来越多领域的应用，给出一个统一的 agent 的定义越来越难。这样，与其给出一个难以被各方面接受的 agent 概念，不如找出这些 agent 定义的共性作为进一步研究的基础。遵循这样的思路，有人提出了最小 agent 的概念。他认为所有 agent 都应该具有这些基本特性：反应性、自治性、面向目标性和针对环境性。在这个基础上，不同研究领域可以根据自己研究问题的具体情况具体定义相应的特性。

agent 的特性与其含义是密切相关的。agent 所应该具有的基本特性有：（1）自治性；（2）反应性；（3）主动性；（4）针对环境性；（5）面向目标性。

除了上面的基本特性，agent 一般还具有社会性、交互性、机动性、代理性、学习性、智能性等特性。具体 agent 的特性要根据研究领域和研究目的来构造。

B　多 agent 系统

多 agent 系统（MAS）的研究强调从整体上对多个 agent 集体行为的性质进行分析与定义。它是将独立的 agent 系统通过某种特定的连接，组成一个社会的环境。多 agent 系统利用 agent 间的协作和通讯，改善了单个 agent 的基本能力，从而能够处理比单个 agent 复杂得多的问题。

（1）多 agent 系统的特点。多 agent 系统通过 agent 的角色定义，为每个 agent 分配一定的任务及其相应的问题求解能力；根据整个多 agent 系统的联合意图，规范系统中每个 agent 的思考和行动，采用特定的 agent 协商方法，强化每个 agent 与环境与其他 agent 交互时的正确行为，最终实现整个系统社会化行为和问题求解。

多 agent 系统的特点[40]主要有：1）协同性；2）分布性；3）并发性；4）实时性。

（2）多 agent 系统的研究内容。多 agent 系统除了要研究单个 agent 的结构、行为和功能之外，还要考虑多个 agent 之间的交互，这包括有多 agent 系统联合意图的确定、agent 之间的合作与协商等。

（3）多 agent 系统的联合意图。联合意图是多 agent 系统中 agent 之间通信、协作、竞争的基础。它是所有 agent 共有的知识、信念、目标以及精神状态。单个 agent 在此基础上发展自己的行为，完成与环境和其他 agent 的交互。

联合意图可以存在于多 agent 系统内，是支配、控制系统内所有 agent 行为的行为规范；也可以存在于单个 agent 内，采用意识态度等方式规范 agent 之间的协商与协作。无论联合意图存在于哪里，它都要实现规范单个 agent 的思考和行为、指导 agent 的联合行动等作用。

（4）agent 的合作与协商。agent 的合作与协商是实现系统目标、消除 agent 间冲突的重要环节。agent 的合作与协商主要通过 agent 间合作信息的交流、系统任务的分解这两步来实现。首先，每个 agent 必须要有收集信息以及监督其他 agent 的能力，同时还需要有利用获取的信息定位与其合作的 agent 的能力；其次，在分布式的环境条件下，系统的目标要根据特定的评价和推理过程分解成为许多 agent 并行、实时且能够完成的子任务；最后，在一定的控制、监督和交互机制下完成系统目标。

4.2 模型的内涵、研究目的与目标

4.2.1 内涵

　　虚拟矿井生产系统是以真实矿井生产系统为原型，包含有各工种（矿井生产主体）总的信息流、物流、能量流等对环境的识别与快速反应能力，运用系统思想设计、建构、开发相对应的计算机仿真生产系统模型，使之成为跨工种的复杂协同合作计算机模拟仿真系统。

　　虚拟矿井生产系统演化模型是运用复杂适应系统思想，以计算机模拟手段建模、仿真和运行真实特定矿井生产系统中各个矿井生产单位，以得到安全高效特定矿井生产系统生产行为、活动与规律的模型。

4.2.2 研究目的

　　虚拟矿井生产系统演化建模研究，采纳了复杂适应系统以及人工智能理论的思想，认为虚拟矿井生产系统是由具有适应能力的矿井生产主体组成的复杂系统；不同矿井生产主体在虚拟矿井生产系统演化过程中扮演的角色不同；虚拟矿井生产系统的演化就是由承担不同矿井生产任务的主体相互影响、相互作用而造成的，如爆破、运输、掘进等。

　　虚拟矿井生产系统的演化是由其内部矿井生产主体和生产系统整体状态共同推动的，而矿井生产主体的演化则是虚拟矿井生产系统演化的根本。矿井生产主体对自身生产行为和操作规则的调整则是根据自己所能够搜集到的信息而进行的，因而这种行为的演化是一个渐进的试错过程。

　　虚拟矿井生产系统演化建模的目的就是通过对虚拟矿井

生产系统中不同矿井生产主体模型以及多矿井生产主体（包括敌方主体）交互模型的构建，以计算机仿真为手段，在以下两个方面得到整个虚拟矿井生产系统和矿井生产主体的交互行为：

（1）虚拟矿井生产系统中矿井生产主体之间的交互作用造成整个虚拟矿井生产系统宏观层次上状态变化行为。

（2）虚拟矿井生产系统中矿井生产主体对生产系统整体状态变化相互交互、相对的反应，矿井生产主体微观层次上矿井生产行为以及安全规则等方面的变化。

4.2.3 研究目标

研究的目标有以下几个方面：

（1）建立相对独立和完备的虚拟生产系统模型体系和结构。

（2）建立适当的虚拟生产系统模型体系，包括虚拟工种、工种工作状态模型。

（3）建立多工种，多场景相互协同的虚拟生产系统模型。

（4）建立能真实凸现联合、信息和网络作用，能发挥调度、运输、回填、通信和协调的虚拟生产系统体系和结构。

（5）建立规范与合理信息交互的模型单元，能够真实反映矿井状态虚拟生产系统模型。

4.3 建模的方法

虚拟矿井生产系统的演化建模从本质上讲是以复杂系统理论为指导，定性与定量相结合，计算机仿真技术为工具的建模方法。

4.3.1 仿真原理与建模过程

4.3.1.1 仿真原理

A 系统仿真的含义及其分类

a 系统仿真的含义

本系统中"仿真"一词的含义取目前实际应用中的含义。它有两方面的含义，一是利用另外一个系统表示被研究系统的某些物理或抽象行为特征的过程；或者是用另外一个数据处理系统，主要是用硬件来全部或者部分模仿和实现某一系统，使得模仿的系统能与被模仿的系统一样接受同样的数据，执行同样的程序，获得同样的结果。

系统仿真主要是用来分析和研究系统的运动行为，揭示系统的动态过程和运动规律。它包括有三个要素：系统、系统模型和计算机。其中，系统即为所要研究的客体，是系统仿真的出发点；在观察和分析系统外在和内在特征的基础上，通过系统建模形成系统模型，并将之程序化；在计算机上运行系统模型，模拟真实系统的运行过程；将得到的结果与真实系统在外界环境中的运行结果进行对比分析，并对系统模型进行改进，最终得到能够反映真实系统运动行为特征的系统模型和计算机程序。这样，便可以利用系统模型及其相应的计算机程序模拟原有系统了。

系统仿真是建立在控制理论、相似理论、信息处理技术和计算技术等理论基础之上的，以计算机和其他专有物理效应设备为工具，利用系统模型对真实或假想的系统进行试验，并借助于专家经验知识、统计数据和信息资料对试验结果进行分析研究，进而做出决策的过程。

b 系统仿真的分类

按照不同的分类标准，系统仿真有不同的分类：

（1）按照被研究系统的特征来分，可以分为离散系统事件仿真和连续系统事件仿真；

（2）按照仿真实验中的时间标尺与原型系统时间标尺之间的比例关系来分，可以分为实时仿真和非实时仿真；

（3）按照参与仿真的模型种类来分，可以分为物理仿真、数学仿真以及物理—数学仿真。

B 仿真含义

虚拟矿井生产系统仿真是以现实矿井生产系统为原型，建立真实反映矿井生产系统内在关系和运行规律的矿井生产系统模型，将模型编程，最终利用虚拟矿井生产系统模型和计算机模拟实现对真实矿井生产系统运行分析的过程。

4.3.1.2 仿真的建模过程

按照系统仿真理论，虚拟矿井生产系统仿真的建模过程可以分为结构建模和行为建模两类。

A 结构建模

虚拟矿井生产系统结构建模关注的焦点是虚拟矿井生产系统的结构。它认为系统的结构决定系统的功能和行为，因此，在观测原型矿井生产系统的基础上，采用适当的物理和数学方法刻画出系统的结构是虚拟矿井生产系统仿真的关键。具体的过程是：对原型矿井生产系统进行观测，得到与系统结构有关的相关生产系统数据，并分析这些数据；在此基础上，运用适当的生产系统理论，同时利用生产系统、系统仿真等领域专家的经验建立起相应的虚拟矿井生产系统模型的结构框架[19]；经过对结构框架特征化处理、参数估计后，得到原型矿井生产系统的同构模型；对同构模型进行模拟运行，得到新一轮的观测数据；将观测数据进行整理，与原型矿井生产系统的实际运行结果进行比较和分析，并对同构模型进行调整；重复以上步骤，直到得到满意的同构模型为止。具体的建模过程可以用图 4-1表示。

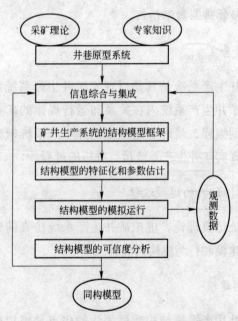

图 4-1　虚拟矿井生产系统结构建模

B　行为建模

虚拟矿井生产系统行为建模关注的焦点是系统的行为。它认为系统行为间的关联和引发规则是造成虚拟矿井生产系统演化的主要因素。因此，系统仿真的目的是找到适当的同态模型，能够模拟原型矿井生产系统的行为和功能，而不是刻画系统的内部结构。具体的过程是：对原型矿井生产系统进行观测，得到有关系统行为和功能的数据，并分析这些数据；在此基础上根据相应的生产系统理论和系统仿真专家的经验和知识，建立原型矿井生产系统的非形式化描述模型；然后运行这些模型，得到相应的生产系统数据并分析，检验这些模型是否符合原型矿井生产系统，对不满意的部分进行调整，重复以上步骤直到得到满意的同态模型为止。这个过程可以用图4-2表示。

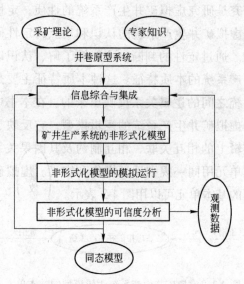

图4-2 虚拟矿井生产系统行为建模过程

4.3.2 演化建模方法

4.3.2.1 基于演化模型的建模方法

虚拟矿井生产系统的系统模型，必须能够处理非线性问题，以适应虚拟矿井生产系统的信息不完全、不准确，尤其是缺乏统计数据和先验知识和经验；相应的系统模型应该是时间的函数，满足动态系统的处理要求；同时，系统模型应该有一种递推演算规则，这种演算规则应该是定量表示的和确定的；利用这种确定的规则来描述原型系统的结构和行为，得到非线性的演化方程。基于演化模型的建模、仿真与分析的步骤如下文所述。

A 建立逻辑模型

定性研究是研究虚拟矿井生产系统的性质；定性研究可以影响人们对虚拟矿井生产系统的认识和观点；定性研究是定量研究的基础。通过定性的判断，才能够了解、认识以及揭示出虚拟矿井生产系统的本质特征。这种本质特征主要是通过虚拟矿井生产系统之间的逻辑关系反映出来的。在本书中，定性研究就是建立虚拟矿井生产系统的逻辑模型，它反映了虚拟矿井生产系统逻辑上的相互关联、相互制约及其因果关系。也就是根据对基本单元用同一规则反复操作和定义。虚拟矿井生产系统逻辑模型的基本单元可以用图 4-3 表示。

图 4-3 虚拟矿井生产系统逻辑模型的基本单元

它包括两个部分：虚拟矿井生产系统和逻辑关联。建立逻辑模型的过程就是对系统的了解过程，是系统分析的过程，从抽象到具体的迭代和分层过程。

一个虚拟矿井生产系统可以由几个相互关联的子系统组成，每个子系统又可以由几个相互关联的子-子系统组成，不同层的系统之间具有相似性，如图 4-4 所示。这种分解似的逐步分层，

就是从抽象到具体、从一般到特殊的过程；就是对系统了解的
过程；就是对系统的层次结构划分的过程；就是对虚拟矿井生
产系统进行定性分析的过程。

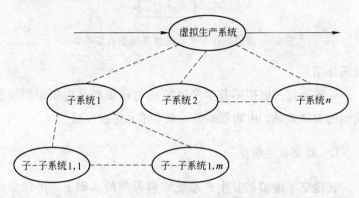

图 4-4 虚拟矿井生产系统逻辑模型的分层结构

逻辑模型作为物理模型的先导，尽量把系统抽象为变量，
逻辑关联可以分为正相关、负相关、直接相关和间接相关等，
而这些关联的具体形式，则由物理模型和数学模型进一步
深化。

B 建立物理模型

尽管定性研究可以揭示虚拟矿井生产系统的属性及其之间
的联系。下一步则是将定性模型定量化。作为从定性的逻辑模
型到定量的数学模型的过渡，中间可以建立基于演化的物理模
型。其基本成分是以循环的形式表示的动态结构，物理模型反
映了动力学系统具体的相互关联、相互制约及其因果关系，它
是建立数学模型的基础。物理模型根据逻辑模型所示的因果关
系进行联结，其基本单元为如图 4-5 所示的反馈环节。

在图 4-5 中，$u(t)$ 为随时间变化的输入量；$x(t)$ 系统输
出变量；$F(x(t), t)$ 为时间 t 和输出 $x(t)$ 的关联函数，起

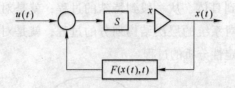

图4-5 虚拟矿井生产系统物理模型的基本单元

反馈作用。

一般而言，虚拟矿井生产系统的物理模型是根据逻辑模型确定的关联关系，由物理模型的基本单元组合而成。

C 建立数学模型

在建立了虚拟矿井生产系统物理模型的基础上，可以采用一定的映射手段将物理模型转化为相应的数学模型。例如图 2-6 所示的物理模型就可以转为如下的数学函数：

$$x'(t) = u(t) - F(t, x(t))$$

而虚拟矿井生产系统的数学模型就是用这一类的数学函数耦合而成的。

4.3.2.2 基于主体的虚拟矿井生产系统演化建模方法

在虚拟矿井生产系统建模过程中，无论是用结构建模、行为建模，还是单纯的用演化模型建模，都不能够达到准确描述虚拟矿井生产系统演化行为的目的。为此，本书作者提出了一种基于 agent 的虚拟矿井生产系统演化建模方法。

基于 agent 的虚拟矿井生产系统演化建模研究的核心问题是虚拟矿井生产系统中的生产系统主体。在这里，我们把虚拟矿井生产系统看作是由生产系统主体及其相互联结构成的。主体的结构、行为、功能和属性以及它们之间的联结方式、相互作用过程是构造虚拟矿井生产系统的关键部分。建模过程大致可以分为三个阶段：

（1）系统分析阶段。在该阶段，主要是对原型矿井生产系统认真地观察和分析，利用已有的生产系统理论，配合相应专家的经验和知识，将原型矿井生产系统分解成为几类相互独立、覆盖整个研究领域空间的矿井生产主体，并明确系统的边界、环境和约束等，形成原型矿井生产系统的初始模型；反复这个过程，直到得到满意的初始模型为止。

（2）矿井生产主体构造阶段。对系统分析阶段得到的矿井生产主体，观测其在原型矿井生产系统中的行为、功能和属性，得到相应的数据，再次利用相应生产系统理论及专家经验，构造矿井生产主体的非形式化模型；模拟运行该非形式化模型，得到观测数据，对非形式化模型进行检验和调整。在这个阶段，主要是构造矿井生产主体的行为、结构等局部细节，使能准确反映其在原型矿井生产系统对应物的行为和状态。

（3）多主体模型构造阶段。在该阶段，主要是构造矿井生产主体之间的连接方式和相互作用方式。这需要从整体上观测原型矿井生产系统的行为和结构，从相应观测数据中总结和推理。得到多主体模型之后，模拟运行，根据运行结果对该多主体模型进行检验和调整；同时还要测试该模型对系统参数的灵敏度；重复上述过程，直到得到满意的多主体模型为止。上述过程可以用图4-6表示。

4.4　演化模型的体系设计

4.4.1　模型的体系结构

虚拟矿井生产系统的模型体系是指矿井生产模拟系统运行所运用的各种生产模型的整体。根据虚拟生产系统的不同层次，

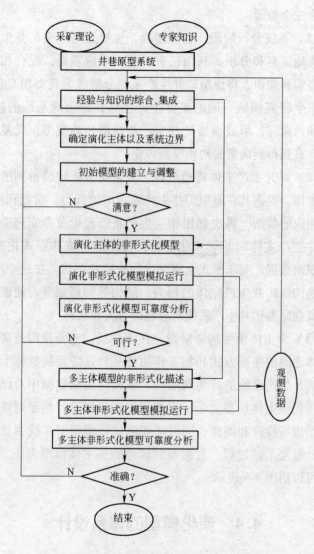

图 4-6 基于 agent 的虚拟矿井生产系统演化建模

不同矿井生产形式及仿真模型的构成关系，可以建立虚拟生产系统模拟系统中的模型体系结构，如图 4-7 所示。

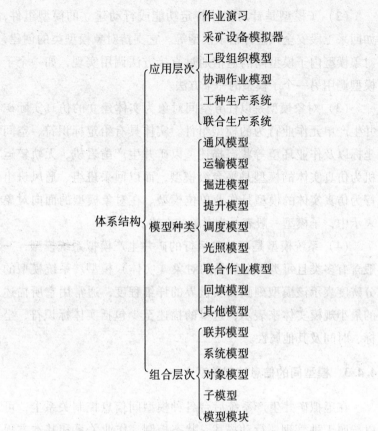

图 4-7 虚拟矿井生产系统模型体系结构

4.4.2 模型的组合层次

组合层次是实现虚拟生产系统模拟系统时，为支持运用组合方法建立仿真模型而对仿真模型划分的一种构成关系；组合层次模型由底向上依次为模型模块、子模型、对象模型、系统模型以及联邦模型，它们的含义如下：

（1）模型模块是接口明确的现象、过程或功能关系的数学/逻辑表示，具有广泛的可重用性，参与创建子模型实例。

（2）子模型是针对实体特定功能或行动建立的模型组件，如回采工段安全风险评估子模型等。它支持对象模型类的创建，对象模型内子模型间的通信通过直接方法调用实现，如一个子模型调用另一个子模型的一个方法。

（3）对象模型是以任务空间对象为实体建立的仿真实际矿井生产单元作业行为的模型组件。实体具有给定标识符、空间坐标以及作业环境等状态描述。以矿井生产凿岩机、无轨铲运机为仿真实体的模型是平台级模型，而以回采班组、通风班组等为仿真实体的模型是作业单位模型。在对象模型的面向对象表示中，子模型一般表示为对象的方法。

（4）系统模型是可独立运行的矿井生产模拟系统模型，一般含有多类且每类一定数量的对象（实体）模型。系统模型的分辨度表示该模型刻画真实世界的详细程度，通常用它所描述的最小规模实体来表示，这里的描述至少包括实体标识符、坐标、时间及其他属性。

4.4.3 模型间的信息控制关系

在虚拟矿井生产系统后台各种模型间信息控制关系上，可以按照工种管理、行动描述、状态控制、作业关系和基本方程将其划分为 5 个控制层次，它们之间的信息控制关系如图 4-8 所示。

其中，工种管理模型主要确定工种的编组以及命令的形成与解释；行动控制模型主要用于显示控制；状态控制模型由调度信息，作业计划等模型组成，用于完成仿真实体的状态产生；作业关系模型主要由不同的作业空间与时间等各类组合的相互关系建立的模型组成，是映射虚拟矿井生产系统各种矿井生产行动的关键，是虚拟矿井生产系统矿井生产效能计算的基础。

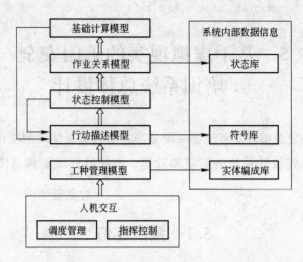

图 4-8 虚拟矿井生产系统模型各层次间的信息控制关系

5 基于虚拟现实的矿山安全 培训系统总体设计

开发虚拟现实系统是一项复杂、细致而又烦琐的工作，必须考虑该软件系统的质量和效率，做好目标设定和总体设计方案。

5.1 系统定位

本书开发的 VR 应用系统属桌面型虚拟现实系统，是利用个人计算机或低级工作站实现虚拟仿真。计算机屏幕作为参与者观察虚拟世界的一个窗口，各种外设用来驾驭该虚拟环境，并且用于操纵虚拟场景中的各种虚拟物体。

要求系统实现的具体目标如下：

（1）能绘制各种常见的虚拟物体，并对其进行组合，进而能够对虚拟场景进行建模；

（2）具有良好的人机交互界面，从而能够方便快捷地创建和修改虚拟环境；

（3）能对虚拟物体的各参数进行修改，比如位置、方向等；

（4）使虚拟模型具有立体感，虚拟物体应具有逼真的材质、明暗效应；

（5）能对物体纹理细节进行优化，并对物体表面应用各种纹理，以达到更好的真实感；

（6）允许用户独立的控制场景中的光源，在场景中布置光照系统；

（7）系统应具有任意角度和方向的漫游功能；

（8）能加载第三方建模软件导出的模型文件（如＊.md2 格式），以提高兼容性和建模效率；

（9）具有场景的快速绘制能力，以满足用户与场景交互的实时性；

（10）具有较好的可复用性、可移植性和扩展性，以支持多种编译平台和硬件的加入。

5.2 系统设计原则

VR 系统设计的原则有以下几点：

（1）面向对象的原则。面向对象（Object-Oriented，简称OO）——方法是目前最为流行、有效的软件开发方法之一，它通过对实体进行抽象归纳，将实体属性与操作进行封装，形成类。

（2）模块化设计原则。采用软件工程开发中的结构化和原型化相结合的方法。根据工作要求，自顶而下，对系统进行功能解析与模块划分。在用户需求的基础上明晰系统用户子模块，建立最底层次的"积木块"，然后通过连接形成面向应用的"上层模块"。

（3）应用程序与数据分离的原则。为了使系统具有良好的可移植性和可维护性，在系统的结构化组织中坚持程序代码与图形数据库、属性数据库相分离的原则。

（4）先进性原则。系统采用功能强大的作为可视化开发工具包，选用面向对象的可视化编程语言作为开发工具，保证了系统的先进性。

（5）界面友好原则。用户界面是用户与计算机进行交流的中间媒介，也是应用程序中用户直观所见的系统运行部分。另外，在系统开发时，还应遵循高效性、规范性、稳定性和可扩充性原则。

5.3 系统使用平台

5.3.1 软件平台

本系统采用高级面向对象编程语言 C++（ISO/IEC 14882—1998 标准），辅以 OpenGL1.2 图形库和 SDL 媒体库作为软件开发平台。Windows 下编译环境为 Visual C++ 2005 Express Edition。

C++语言是一种使用非常广泛的计算机编程语言。它是一种静态数据类型检查的，支持多重编程范式的通用程序设计语言。它支持过程的程序设计、数据抽象、面向对象程序设计、泛型程序设计等多种程序设计风格，由贝尔实验室的本贾尼·斯特劳斯特卢普博士于 20 世纪 80 年代发明并实现。

OpenGL 是专业的 3D 程序接口，英文全称是 "Open Graphics Library"，即 "开放的图形程序接口"，是一个功能强大、调用方便的跨平台底层 3D 图形库，而且也是目前应用最广泛的三维图形标准。它包括了 250 多个图形函数，提供了视图变换、模型变换、基本图元绘制、着色、光照、阴影、消隐、反走样、纹理映射、动画等功能，目前已成为事实上的图形工业标准。OpenGL 是个与硬件无关的软件接口，可以在不同平台间进行移植。其前身是 SGI 公司为其图形工作站开发的 IRIS GL。

SDL 是为数不多的商业游戏开发公司使用的免费软件库之一。它提供跨平台的二维帧缓冲区图形和音频服务，支持 Linux、Win32 和 BeOS，也不同程度地支持其他平台，包括 Solaris、IRIX、FreeBSD 和 MacOS。使用 SDL 有三重优点：稳定、简单和灵活。

Visual Studio 是微软公司推出的开发环境，是目前最流行的 Windows 平台应用程序开发环境。Visual C++ 2005 Express Edition 为其面向 C++ 编程的最新永久免费版本，能很好地支持 C++ 标准。

5.3.2 硬件平台

虚拟现实技术是一种典型的对时间性要求很高的限时计算与限时图形绘制技术的应用，失去实时性就意味着其交互性和沉浸性的丧失。因此其运行 PC 的硬件配置不应过低。

以下为主要硬件的建议最低标准：CPU，P3 1.7；集成显卡，64M（安装显卡驱动）；内存，128 M。

5.4 系统模块设计

本系统采用严谨、通用的框架进行设计，其基本架构如图 5-1 所示。

本系统包括以下 9 个模块：

（1）内存管理模块。本模块的功能是对内存分配进行一定程度的优化，以减少在程序运行中出现的内存碎片和缺页错误，并且对整个程序运行期的内存分配和释放操作进行监控，检查出内存泄漏。在实现中大量利用模板技术，尽量将一些烦琐的计算和分派判断在编译期完成。

（2）资源管理模块。对渲染数据进行高度抽象，定义了多层数据抽象，以满足绝大部分算法要求。比如本系统中定义类 physent 对应场景的物理实体，由场景图（Scene Graph）直接管

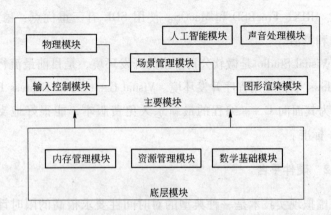

图 5-1   矿山安全培训系统的主要架构

理，与渲染层接口。除负责资源的定义以外，本模块还负责资源的导入，加载场景渲染所需要的资源。

（3）数学基础模块。本模块的功能是实现基本的三维几何和二维几何的代数操作，在该模块中主要定义了二维、三维矢量，变换矩阵以及它们之间的代数运算关系，并采用 STL 库作为数学容器，包括矢量和矩阵的运算以及矢量和坐标的平移、旋转运算。

（4）场景管理模块。场景管理模块是系统的核心部分，其功能包括：场景中基本数据结构的封装；场景图结构中树层次的实现以及在这个层次上的操作（遍历、更新、渲染等等）。该点将在 6.2.2 中进一步说明。

（5）输入控制模块。输入控制模块接收游戏中所有的输入（鼠标、键盘），并把它们抽象成统一的信息进行处理。实现的功能就是负责键盘、鼠标输入处理等输出功能的管理。这个模块的实现比较简单，输入的信息以数据流的形式被消息处理模块接收到，再分配给相应的模块进行处理。输出应该由专门的程序在后台操作完成以减少用户的等待时间。

（6）图形渲染模块。图形渲染模块接受从场景管理模块传送过来的抽象渲染信息，并将它们转化为图形库 API 可接受的渲染状态和数据，对实体执行实际渲染。

（7）物理模块。物理模块为渲染实体提供基本的物理系统。碰撞检测是物理系统的核心部分，它可以探测游戏中各物体的物理边缘。当两个 3D 物体撞在一起的时候，这种技术可以防止它们相互穿过，这就确保了当物体撞在墙上的时候，不会穿墙而过，也不会把墙撞倒，因为碰撞探测会根据物体和墙之间的特性确定两者的位置和相互的作用关系。

（8）声音处理模块。声音模块主要负责场景中的 3D 声音的播放，以实现更好的场景逼真度。

（9）人工智能模块。此模块提供基本的人工智能，使虚拟环境中的角色、事件更加具有智能性，而不是一成不变，包括寻径算法、决策系统等。此模块尚在完善中。

6 矿山安全培训系统模型的构建

在虚拟现实技术中的模型分为两种：场景模型和实体模型。首先要解决的问题是场景模型的构建，即虚拟世界的构造问题，而且虚拟三维空间建模的好坏是产生沉浸感和真实感的先决条件，场景太简单，会使用户觉得虚假，而复杂逼真的场景又势必会增加交互的难度，并影响实时性。

6.1 三维建模基础知识

6.1.1 视景生成过程

视景的显示是由计算机提供的，视景数据由两部分组成，一部分是以直接或压缩方法存储的图像数据，另一部分是以向量或参数方式存储的图形数据。因此，用户感知的视景图像是由计算机根据环境的需要，利用给定的条件与模型，在对图像数据和图形数据计算后所生成的，其生成过程如图 6-1 所示。

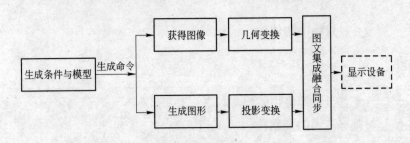

图 6-1　视景的生成过程

6.1.2 视景的决定条件

视景的决定条件有三个:(1)生成条件与模型;(2)图像数据;(3)图形数据。

6.1.2.1 视景变换

所有三维物体在虚拟场景中输出时必须以二维视图的形式表现出来,所以在建模及视景显示中必须完成从三维空间到二维平面的转换。这一过程类似于照相机的摄影过程,通常要经历以下的几个步骤:

(1)调整三维物体的位置与形态(模型变换,Modeling Transformation);

(2)将相机对准三维景物,调整拍摄角度(视角变换,Viewpoint Transformation);

(3)选择相机镜头并调焦,使三维物体投影在二维胶片上(投影变换,Projection Transformation);

(4)决定二维相片的大小(视口变换,Viewport Transformation)。

6.1.2.2 投影变换

一旦景物中物体的世界坐标描述转换到观察坐标后,我们可以将三维物体投影到二维观察平面上。有两种基本投影方式:平行投影和透视投影。

平行投影即将物体表面上的点沿平行线投影到显示平面上,通过选择不同的观察位置,可以将物体上的可视点投影到显示平面上来获得该物体的不同的三维视图,平行投影又分为正平行投影和斜平行投影。在平行投影中,坐标位置沿平行线变换到观察平面上，如图 6-2a 所示。

透视投影即沿会聚路径将点投影到显示平面上，物体的投影视图由计算机投影线与观察平面之交点而得，景物中的平行线投影后不再平行而是成了会聚点，透视投影又分为一点透视、二点透视和三点透视。在透视投影中，物体位置沿收敛于某一点的直线变换到观察平面上，如图 6-2b 所示。

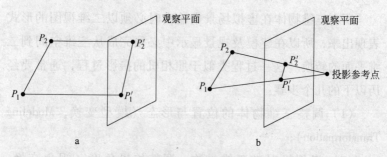

图 6-2 投影变换

a—平行投影；b—透视投影

6.1.2.3 几何变换

图形的几何变换主要涉及各种坐标变换、曲线和曲面的拟合等问题。其中图形坐标变换包括三维变换和二维变换，基本类型有平移、放大与缩小、旋转、剪切等。曲线和曲面的拟合主要研究曲线段或曲面片几何连续和光滑连接等问题。

6.1.3 三维建模的内容

虚拟现实中的建模经历了从几何建模、物理建模到行为建模的发展进程[5]。几何建模是虚拟现实建模的基础，与物理建模和真正体现虚拟现实特征的行为建模三者结合起来，才可以实现虚拟现实"看起来真实、动起来真实"的特征，构造一个能够逼真地模拟现实世界的虚拟环境。

6.1.3.1 几何建模

几何建模是虚拟现实建模技术的基础。对象的几何建模是生成高质量视景图像的先决条件，它是用来描述对象内部固有的几何性质的抽象模型。几何建模可以进一步划分为层次建模法和属主建模法。

层次建模方法，利用树形结构来表示物体的各个组成部分，对描述运动继承关系比较有利。在层次模型中，较高层次构件的运动势必改变较低层次构件的空间位置。

属主建模方法，同一种对象拥有同一个属主，属主包含了该类对象的详细结构。当要建立某个属主的一个实例时，只要复制指向属主的指针。每一个对象实例是一个独立的节点，拥有自己独立的方位变换矩阵。这样做的好处是简单高效、易于修改、一致性好。

6.1.3.2 物理建模

物理建模是虚拟现实系统中比较高层次的建模，即在建模时考虑对象的物理属性。包括定义对象的质量、重量、惯性、表面纹理、光滑或粗糙、硬度、形状改变模式（橡皮带或塑料）等等。分形技术和粒子系统就是典型的物理建模方法。分形技术在虚拟现实中一般仅用于静态远景的建模；在虚拟现实中粒子系统用于动态的、运动的物体建模，如常用于描述火焰、水流、雨雪、旋风、喷泉等现象。

6.1.3.3 运动建模

在虚拟环境中，仅仅建立静态的三维几何体还是不够的，物体的特性还涉及位置改变、碰撞、捕获、缩放、表面变形等等。我们不仅对绝对坐标感兴趣，也对三维对象相对坐标感兴趣。对每个对象都给予一个坐标系统，称之为对象坐标系统。这个坐标系统的位置随物体的移动而改变。碰撞检测是 VR 技术的一个重要技术，它在运动建模中经常使用。例如虚拟环境中，人不能穿墙而入，否则便与现实生活相悖。碰撞检测需要计算两个物体的相对位置。如果要对两个对象上的每一个点都做碰撞计算，就要花许多时间。因而，为了节省系统开销，常采用矩形边界检测的方法，但有时会牺牲一定的精确性。

6.1.3.4 行为建模

几何建模与物理建模相结合，可以部分实现虚拟现实"看起来真实、动起来真实"的特征，而要构造一个能够逼真地模拟现实世界的虚拟环境，必须采用行为建模方法。行为建模处理物体的运动和行为的描述。如果说几何建模是虚拟现实建模的基础，行为建模则真正体现出虚拟现实的特征。作为虚拟现实的自主性的特性的体现，除了对象运动和物理特性对用户行为自接反应的数学建模外，我们还可以建立与用户输入无关的对象行为模型。虚拟现实的自主性的特性，简单地说是指动态实体的活动、变化以及与周围环境和其他动态实体之间的动态关系，它们不受用户的输入控制（即不用与之交互）。例如虚拟巷道环境中，采煤机螺旋叶片的不停旋转，顶板坍塌时岩石的掉落。

6.1.3.5 模型分割

一般来说，虚拟场景的视场是十分庞大的。这样不但建模速度太慢而且满足不了动态的要求，而且会因为目标太大而使人们的视觉注意力比较分散，不容易将精力集中于重要的局部目标。分割不但能满足视觉上的需求，也使计算机模拟场景的速度能跟上需要。模型分割技术包括单元分割和细节水平分割两种。

6.2 场景模型的构建

本系统的场景部分主要由虚拟巷道组成。在场景的设计过程中，首先要收集资料，包括图形数据和图像数据的收集。图形数据包括井下巷道的形状、尺寸和各个设备的形状、大小以及各个部位的尺寸。

通过前往龙矿集团实地参观，获取相关的矿井模型资料，记录所需的模型数据，同时参考综采设备图册，初步确定虚拟场景内各个模型的图形数据。用数码相机和摄像机拍摄模拟矿井，得到相片和录像带等图像资料，然后对其进行剪辑和编辑，并通过图形处理软件处理，存储为 Jpg 格式（相对其他图形格式，压缩比最大、保真性好）。经过对资料的收集、整理和处理，场景设计的前期工作已准备就绪。然后考虑在给定条件下，如何生成一个逼真的虚拟矿山场景。

6.2.1 场景建模方法

当前世界范围内，围绕虚拟场景建模问题的解决方式主要有以下三种[13,14]：基于计算机图形学的三维几何模型建模和绘制（Geometry-Based Modeling and Rendering——GBMR），又称为基于图形的建模和绘制（Graphics-Based Modeling and Rendering），但这种虚拟场景建模方法对硬件的计算能力和图形加速性能都有很高的要求，一般是用于基于高性能图形工作站的系统；基于图像的建模和绘制（Image-Based Modeling and Rendering，

IBMR）技术，它是用待建三维虚拟空间的有限幅图像样本，在一定的图像处理算法和视觉计算算法的基础上，来直接构造三维场景；基于图形与图像混合建模方法。

6.2.1.1　基于几何图形的建模和绘制（GBMR）

基于几何图形的建模和绘制的优点是便于用户与虚拟场景中虚拟对象的交互，以及能对虚拟对象的深度信息进行直接获取（见图6-3）。

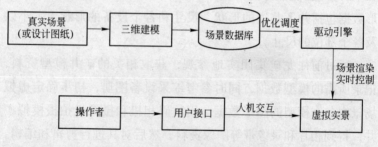

图6-3　基于图形的建模和绘制流程

它的缺点是由于几何模型三维场景的真实感是建立在对几何物体表面材质的光照模型基础上的，其阴影和纹理要在基于某种光照模型的计算下，通过硬件绘制，并配以图形加速性能才能显示出来，这在场景模型比较复杂的情况下，因计算量较大，而使用户与虚拟场景无法实时交互，用户对场景中虚拟对象的操作也无法得到实时的反馈。从而也使在对复杂场景进行虚拟和仿真方面的应用难以实现。

6.2.1.2　基于图像的建模和绘制（IBMR）

基于图像建模和绘制的优点是 IBMR 是在对场景已有图像集合处理的基础上生成的，它与 GBMR 的生成算法相比，其计算量较小，也不受场景复杂度的限制，且对硬件的要求也不及 GB-

MR 那样高，可以在微机上实现。同时，由于生成的环境是这组
图像所反映的客观真实场景，因此特别适合于基于真实自然场
景的仿真研究（见图6-4）。

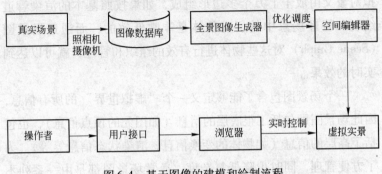

图6-4 基于图像的建模和绘制流程

它的缺点是不利于用户与虚拟场景中虚拟对象的交互。由
于场景中的虚拟物体是图像中的二维对象，因而用户很难，甚
至不能与这些二维对象进行交互。

6.2.1.3 基于图形与图像混合建模方法

采用基于图形与图像混合建模技术就能将两者的优点集合
于一体，在应用中扬长避短。混合建模技术的基本思想是先利
用 IBMR 构造虚拟场景的环境来获得逼真的视觉效果，同时对虚
拟环境中用户要与之交互的对象利用 GBMR 来进行实体构建，
这样既增加了场景真实感，又能保证实时性与交互性，提高用
户的沉浸感。

本书中采用基于图形与图像混合建模方法进行场景的建模。
我们看到的场景是由计算机经过复杂的数据运算提供的，它的
场景数据由两部分组成，一部分是以直接或压缩方法存储的图
像数据，另一部分是以向量或参数方式存储的图形数据。

6.2.2　场景管理

一个普通场景很有可能包含成千上万个虚拟对象，每个虚拟对象又由成千上万个多边形组成，如果按照基本的渲染管道绘制和管理场景中的所有物体是非常低效的，而通过场景图（Scene Graph）对这些物体进行有效的组织和管理，就可以达到实时的效果。

一个场景图包含了能够定义一个"虚拟世界"的所有信息，因此场景图即包括了很底层的信息（如图元的顶点信息），也包括了高层的信息（如物体的变换信息，渲染状态信息等等）。为了方便管理，同时也降低复杂度，通常场景图都是由一系列不同类型的节点构成，这些节点包含了不同的信息，并按层次结构组成一个"图"结构。场景管理也就是对场景图管理，要完成两个基本任务，一是场景的组织，二是场景的渲染。场景的组织通常是层次结构的，最常用的两种空间划分层次体系是 BSP 树和八叉树（Octree），本系统采用后者。

八叉树是一种空间划分数据结构，是四叉树的扩展，它描述的是在一个占据三维空间的场景内物体的分布情况，并简单地将图元安排在层次结构中。通过使用四叉树结构表示二维区域的占用情况，可以更加方便地将八叉树结构中描述的思想示范出来。图 6-5 显示了一个包含简单物体的二维区域和一棵代表这个区域及其中物体的四叉树。由一个正方形的区域开始创建这棵树，该区域代表了整个场景，用树根节点描述（在三维的情况下，这个区域可以是个立方体）。这个区域被物体占据，它被分割成 4 个子区域，并由树上的 4 个子节点来表示。图 6-6 显示了子节点的排序方案（在三维的情况下，一个区域被划分为成 8 个子区域，其信息记录在 8 个子节点中）。任何被物体占据

的区域的子区域都要进一步细分，直到子区域的尺度符合表示
方案要求的阀值为止。因此，在树中存在两类叶节点。一类叶
节点代表未被占据的区域，另一类则代表被物体的一部分占据
的最小单元。

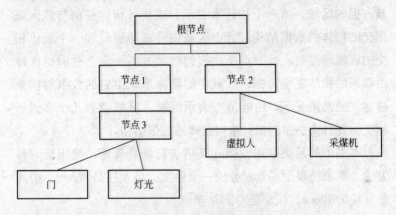

图 6-5　一个简单的场景图

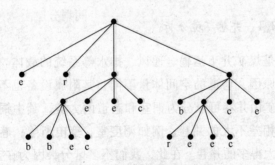

图 6-6　八叉树的平面示意图
b—正方形；c—圆；e—空；r—长方形

　　用场景的八叉树分解来表示该场景的方法主要有两种：第
一，细分区域时要达到表示方案所要求的最大分辨率，一棵八
叉树本身可以用于场景中的物体进行完整描述，被物体所占据
的一系列单元构成了该物体的表示。然而，对于一个复杂的场

景，为了得到高清晰的结果，需要把被占据的空间分解成尽量多的单元，并且该技术需要耗费大量的数据存储空间。一个通常的替代方法是使用标准化的数据结构来描述物体，并使用八叉树作为场景中物体分布的表示。在这种情况下，叶节点代表被占据的区域，由一个指针来表示，该指针指向任何与该区域相交的物体的数据结构。其中区域细分在遇到只和一个物体相交的区域时结束。叶节点所代表的区域并不一定会被同该区域由联系的物体完全占据，区域中的物体形状由它的数据结构来描述。通常情况下，由叶节点表示的被占区域会和几个多边形相交，并且由一系列指针指向物体的数据结构。

本书中的系统采用空间八叉树进行场景管理，使用后一种方法。本书把整个场景划分成三个层次，最顶层是 World，中间是分块的 Block，底层是 QNode 节点。

6.2.3　巷道建模

6.2.3.1　井巷环境分析

巷道是煤矿井下运输、通风、排水等系统的载体。因为用途和地质原因，巷道的空间体量不同，其附属设备也不同。总的来说，矿山井巷可以分为铜室和巷道两大类，其中铜室指长度和宽度相差不大的井巷，例如调度室、变电所等；巷道指长度比宽度大得多的井巷。在此，我们不多区分，因为在空间上，它们相互连通，从而构成地下矿山既独立又有区别的网络系统，因此它们之间的相互关系与其体量和用途同样重要。

因为地下井巷呈线状分布，所以可以按照弧段－节点的拓扑数据结构对巷道进行三维建模；在空间上，将巷道分为巷道体和巷道节点（巷道交汇处）。这样的分类使得巷道三维模型易于建立，而且巷道之间的相互关系也易于表达。把巷道分为巷道体和巷道节点后，可以利用三维矢量的表面模型线框模型分别建立其三维模型。

巷道是由一系列的局部巷道组成。局部巷道可以由巷壁、巷顶、巷底来表达。巷道断面主要有矩形、拱形、梯形等形态图。巷道的断面形态如图6-7所示，表示矩形巷道、拱形巷道和梯形巷道。

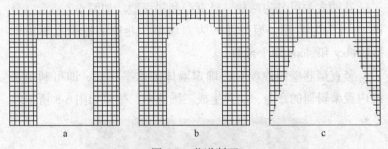

图6-7 巷道断面

a—矩形巷道；b—拱形巷道；c—梯形巷道

6.2.3.2 场景编辑器

为了使巷道建模更简便快捷，系统内置了"所见即所得"（WYSIWYG）的建模环境。该场景编辑器提供了四种地形处理工具：拱形面构造工具、斜面构造工具、巷道高度调整工具、转角去除工具，操作者可通过这些工具对虚拟世界进行操作。

这几种工具主要由以下几个函数来构造：loopselxy（b）用于对选定水平区域的空间进行八叉树递归遍历，arch（int sidedelta，int _ a）用来构造拱形面，slope（int xd，int yd）用来构造斜面，editheightxy（bool isfloor，int amount，block &sel）则来实现巷道高度的改变，cornner（）用来叠加相邻的两个正方形选择区域的数据。

经过场景编辑器的处理，操作者眼前的场景其实已经被预处理为规则的场景对象，确定保存时场景图数据将按照一定序列写入新文件中，并通过 Zlib 库进行压缩。

6.2.3.3 巷道体建模

A 巷壁的建模

巷壁大致可分为两种，竖直型和斜面型。如图 6-7 所示，分图 a、b 为竖直型，而分图 c 为斜坡型。巷壁的建模主要用到 loopselxy 和 slope 两个函数。

竖直型巷壁的建模只需确定墙体的水平切面，即可利用系统内置编辑器的命令，快速生成三维巷壁，效果如图 6-8 所示。

图 6-8 竖直巷壁生成效果图

斜面型巷壁相对复杂些，先要跟竖直型一样定义好水平切面范围，再利用 slope 函数在原有基础上对墙体数据进行重新筛选，剔除下三角体区域内的正方体，效果如图 6-9 所示。

B 巷顶的建模

由于系统会在场景建立时首先初始化天空盒，平行巷顶可以说已经自动创建，只需要通过编辑器中的调节指令来改变巷

图 6-9 斜面巷壁生成效果图

道的高度即可。而拱形巷顶则需要预处理效果如图 6-10 所示。

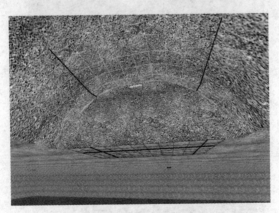

图 6-10 拱形巷顶生成效果图

6.2.3.4 局部巷道建模

巷道体的基本组成部分已经建模完毕，局部巷道既是这些元素合理组合的结果，连续的局部巷道就形成了巷道体。其主要组合效果如图 6-11 ~ 图 6-14 所示。

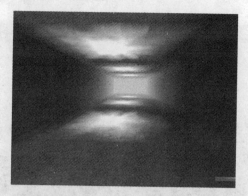

图 6-11　矩形巷道

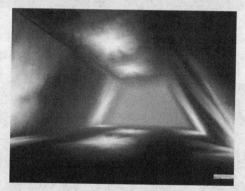

图 6-12　梯形巷道

图 6-13　拱形巷道

图 6-14 巷道节点

6.2.3.5 巷道节点建模

巷道交汇处称为节点，一个节点连接 2 个以上的巷道，因为节点是属性或不同空间体量的巷道的交汇处，且节点处的几条巷道在空间分布上没有规律可循，不能符号化表示，所以必须设立一定的数据结构存放和处理这样的节点数据。显然，一个节点要么是一个巷道的起点，要么是一个巷道的终点，相邻断面数据的叠加建立三维节点模型，如图 6-15 所示。

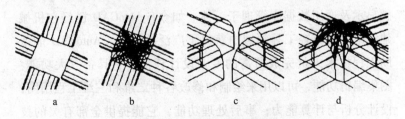

图 6-15 巷道节点的建模

a—某节点连接的四条巷道；b—节点建模后效果；

c—分图 a 的透视图；d—分图 b 的透视图

6.3 实体模型的构建

实体模型的构建是虚拟场景中的主体部分，也是最重要的场景内容。构建实体模型，通常有两种方式：从基本的代码行（如用 OpenGL）进行对象编程；利用已有的虚拟现实开发工具。如果从基本的代码行开始开发每一个模型，工作量是非常大的，而且整个系统的可靠性也大受质疑，因此实体模型的开发有必要在已有的虚拟现实开发工具上进行。

6.3.1 实体建模软件

近年来虚拟现实系统的开发工具得到很快发展，面向虚拟现实的建模软件的数量也日益增长，这其中也不乏许多老牌 CAD 软件公司。鉴于面向虚拟现实的建模软件的很多，这里只简单介绍几种实体建模的常用软件。

6.3.1.1 AutoCAD

AutoCAD 是目前国内外最广泛使用的计算机辅助绘图和设计软件，它从简单二维绘图发展成为目前已集三维设计真实感显示及通用数据库管理于一体。如今，AutoCAD 已经在机械建筑电子地质轻工等领域中获得了广泛的应用。AutoCAD 能帮助工程技术人员完成所需的专业设计任务。它具备三大功能：图集编辑功能，可以用来绘制和修改各种二维和三维工程用图；设计分析与计算能力；事后处理功能，它能提供全部有关的技术文档。CAD 系统是应用现代计算机技术，以产品信息建模为基础，以计算机图形处理为手段，以工程数据库为核心对产品进行定义、描述和结构设计，用工程计算方法进行性能分析和仿真，用工艺知识决策加工方法等设计制造活动的信息处理系统。通常将 CAD 功能归纳为建立几何模型、工程分析、动态仿真、自动绘图、工艺规划和数控编程，因而需要计算分析方法库、图形库、工程数据库等资源的支持。

6.3.1.2 3ds max

可运行于 Windows 系统环境下的具有代表性的三维软件，要数 Kinetix 公司 1996 年专为 Windows NT 开发设计的 3ds max 三维动画建模软件了，因其充分发挥了 Windows NT 的特性，速度更快，功能更强。除了一些基本的建模、材质、动画、渲染外，还有几百个外挂的特技效果模块，这种开放式的构架，使得用户可随意选配、更新或替换模块。3ds max 的建模功能强大，并不断地改进和完善，包含有被称为工业标准的 NURBS 建模方式，可以建立各种各样复杂的空间曲面。3ds max 是目前世界上应用最广泛的三维建模、动画、渲染软件，完全满足制作高质量动画、最新游戏、设计效果等领域的需要。

6.3.2 模型构建实例

下面以液压支柱为例介绍实体模型的构建过程（见图 6-16）。

6.3.2.1 模型数据收集

获得必要的设计蓝图和实物照片，了解模型的具体内涵，再查找相关文献资料，进一步补充建模所需的资料。纹理素材可以在光盘素材库和网络上寻找，或者使用数码相机对实物进行拍摄，然后用图形处理软件（如 Photoshop 等）进行处理获得纹理。

图 6-16 液压支柱实物照片

6.3.2.2 确定模型的树状层次结构图

对图纸进行全面分析，对模型有了整体的了解后，进一步确定模型每个部分的相对尺寸和位置，明确模型中活动部分的动作内容，需要单独构建的必须单独构建，需要设置自由度（DOF，degree of freedom）点的必须设置，逐层细化，甚至细化到每一个面的构建，从而形成准确的树状层次结构图。如图 6-17 所示。为液压支架的树状层次结构图。

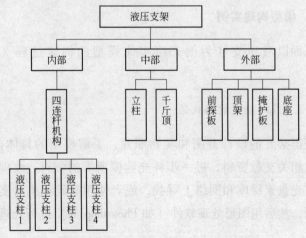

图 6-17 液压支架的树状层次结构图

6.3.2.3 创建可视模型

根据上面树状层次结构图的分析，遵循由里到外，由上到下的原则，逐层逐块地利用建模软件提供的点、线、面、体创建工具和修改工具，进行可视模型的创建。模型创建过程中，势必有些部件将来要有动作，要明确动作的内容，从而设置自由度点，便于系统的调用和控制，该过程创建的模型还只是一个未加任何修饰的模型。

6.3.2.4 去除冗余多边形

模型构建中利用最少的多边形获得相同的真实感，那是最成功的模型。但往往在建好的模型中，存在不必要的多边形，这是经常出现的问题，冗余多边形的存在一方面会使模型增大，同时，模型在虚拟场景中的运动也会频繁出现"眨眼"的现象。

6.3.2.5 模型纹理贴图

为了提高三维模型的逼真度，减少模型的多边形数，我们采用纹理贴制的方法来代替用多边形表示模型的每一个细节，从而降低模型的多边形数。液压支架的整体部件均是铁制品，内部结构比较复杂，即使贴制纹理，也都是铁黑色，无法辨认，所以建造内部结构时，采用颜色来区分不同的部位。我们只是在建造封隔器外观图时利用了纹理贴制技术。图 6-18 表示的分别是现场拍摄的实物照片，分图 a 为没贴制纹理的液压支柱的外观，分图 b 为贴制纹理的液压支架的外观。

　　　　　a　　　　　　　　　　　　　　　　b

图 6-18　液压支架模型

a—未贴图的简化模型；b—已贴图的简化模型

6.4　模型真实感处理

6.4.1　纹理映射

　　纹理映射技术（Texture Mapping）是一种将二维图像映射到三维几何形状表面的一个映射技术，是使模型产生特殊效果或真实感的一种技术[29,30]。使用纹理映射技术主要有以下优点：增加了细节水平以及场景的真实感；由于透视变换，纹理提供了更好的三维线索；纹理大大减少了多边形的数目，提高了刷新频率。逼真度强的虚拟现实离不开纹理映射。

　　纹理映射可以增强虚拟场景的逼真程度，但纹理映射试点之间的对应过程，映射过程需要耗费大量的计算时间，这就大大影响了大规模场景中的渲染效率。因此最好与 LOD 技术配合使用。

6.4.2　细节等级技术

　　在传统的图形系统中，三角面片是最通用的绘图元语[15]。

随着描述场景中几何模型的三角形数目的增多，所绘制的图像质量越来越高，但是绘制速度却越来越慢。一般来说，图形绘制速度与模型中的三角形数目成反比。尽管图形绘制系统的性能在近几年有明显提高，但总有一些场景过于复杂，不能实时绘制。而实时绘制是虚拟现实系统的一项基本要求，所以引入了细节等级（LOD，Levels of Detail）技术。LOD 技术用一组复杂程度（常常以多边形数或面数来衡量）各不相同的实体细节等级模型来描述对象，并在仿真过程中根据一些客观标准在这些 LOD 模型间进行切换，从而能够实时改变场景的复杂度。视点变化时，所选取的细节等级模型各不相同。

LOD 技术的基本思想[16~18]是：对场景中的不同物体或物体的不同部分，采用不同的细节描述方法，在绘制时，如果一个物体离视点比较远，或者这个物体比较小，就可以用较粗的LOD 模型绘制。反之，如果一个物体离视点比较近，或者物体比较大，就必须用较精细的 LOD 模型来绘制。同样，如果场景中有运动的物体，也可以采用类似的方法，对处于运动速度快和处于运动中的物体，采用较粗的 LOD，而对于静止的物体，采用较细的 LOD[19]。

基于 LOD 的 mipmaping 技术（见图6-19），在纹理映射过程中，同时考虑远近详细程度不同的问题。在观察窗口中，对那些较近的物体描绘得比较细腻，其点、面数比较多；而对那些较远的物体只描绘其大致轮廓，所以点、面数很少。这样，在一个观察窗口中远近物体搭配，点、面数一般不会超出系统限制。

6.4.3 光照和着色

为了让模型看起来更加真实，可以给场景配上一个或者多

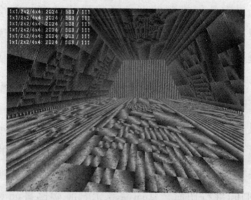

图 6-19　Mipmap 模式下场景贴图

个光源。同时还可以选择是否使灯光影响几何体的外观，几何模型可以有与其每个顶点相关联的颜色或者覆盖其上的纹理。目前，大部分图形硬件都采用三角形这种几何图元。物体表面每个点的颜色通过对三角形顶点的颜色进行插值，这种插值技术称为 Gouraud 着色[12]。

　　通常，光照计算是在世界空间中进行的。但是，如果对光源进行视点变换，在观察空间中会得到同样的光照效果。这是因为：即使将参与光照计算的所有实体都变换到同一个空间中，光源、相机以及模型之间的相对位置依然保持不变。

6.4.4　雾化效果

　　虚拟场景中的雾是一种特效，反映的结果是光亮度衰减，它是将场景与某种预先设置的颜色融合，从而给出一种朦胧的雾感。物体距离相机越远，雾的效果越明显。在几乎所有的虚拟现实中，都会用到雾化效果来增强场景纵深感和距离感。雾可以用来减少场景复杂度，大规模场景中的很多不重要或者远处的物件在雾化影响下是不可见的，因而不需要被绘制。采用雾化效果可以提高效率，图形渲染模块只需要绘制一定距离内的场景，在给定距离之外的场景或用环境映射技术进行模拟或者用雾来掩饰没有处理的部分，如图 6-20 所示。

a

b

图 6-20　雾化前后效果对比

a—加雾后效果；b—加雾前效果

　　雾化效果的基本原理是随着距离的变远，逐渐体现雾的颜色，直到物体完全被雾所掩盖。雾化效果的画面颜色生成的公式是：$C_{final} = f(d) \cdot C_{current} + (1 - f(d)) C_{fog}$，其中 d 是雾的厚度，$f(d)$ 是雾的计算函数，$C_{current}$、C_{final} 分别是雾化前和雾化后的颜色，fogdensity 为雾的浓度。描述雾的衰减快慢的 4 种模式[28]，如表 6-1 所示。

表6-1 雾衰减快慢的4种模式

无	$f(d) = 0$
指数	与距离成指数关系，具体公式是：$f(d) = \dfrac{1}{e^{\text{fogdensity}d}}$
平方指数	与距离平方成指数关系，具体公式是：$f(d) = \dfrac{1}{e^{(\text{fogdensity}d)^2}}$
线性衰减	雾化效果在指定的起点和终点之间成线性关系。比起点更近的地方没有雾化效果，比终点更远的地方完全被雾化。具体计算公式是：$f(d) = \dfrac{f_{\text{end}} - d}{f_{\text{end}} - f_{\text{start}}}$

本书中选用了基于指数的雾衰减模式，即 $f(d) = \dfrac{1}{e^{\text{fogdensity}d}}$ 对雾化效果进行仿真计算。

6.5 虚拟人物的运动控制方法的实现

人是社会的主体，也是应用需求的主要来源。当今社会人们越来越重视人类自身的生命安全以及与环境的和谐相处。在解决许多重大的实际问题时有许多内容都涉及人类自身的应用研究。例如载人航天、核反应堆维护、新武器系统研制、多兵种军事训练与演练等。都需要考虑参与者的人身安全，人与生存空间之间的关系以及人体行为的理解与认知分析。用传统方法解决这些问题不仅要花费巨额资金而且要承担人员伤亡。在虚拟环境中，利用虚拟人来模拟真实人的行为并对其性能进行评估，这在动画游戏、医学、机械工程、军事、空间探索、训练、安全教育培训等应用中变得越来越重要。随着虚拟人技术的日益成熟，在虚拟环境中建立理想的、综合的虚拟人，作为现实世界中的用户在虚拟世界中的替身或交互对象，对于提高虚拟现实应用系统的沉浸感具有十分重要的作用，虚拟人的运动控制的研究是虚拟人研究中的一项十分重要的内容。

6.5.1 虚拟人物特点与模型的建立

虚拟人物具有如下的特点：

（1）有自身的几何模型。在计算机生成的空间与时间内有自己的几何与时间特性，三维虚拟人是指其自身模型及其所在的空间均为三维的；

（2）可以与周围的环境交互作用，感知并影响周围环境；

（3）虚拟人的行为可以由计算机程序控制，这种虚拟人被称为智能体（agent），虚拟人的行为也可以由真实人控制，此时虚拟人被称为真实人的化身（avatar），但不论何种情况，其行为都必须表现出与真实人一致的特征；

（4）虚拟人之间或虚拟人与真实人之间可以通过自然的方式交流。例如，可以用自然语言或人体语言（手势）进行交互作用。

在计算机仿真领域中，人体运动仿真模拟一直比较困难，这主要因为人体运动有它自己的特点：

1）人体运动既不是刚体运动，也不是柔体运动。确切地说它是一种复杂的综合运动；

2）人体是一个多体。人体运动是一个多体的运动，是一个统一于一个整体的多体运动；

3）人体的运动具有规律性。其规律性表现在运动次序上的先后关系各个肢体的配合方面有一定的规律，也即协调性；

4）人体运动具有周期性和可重复性。人在行走时，虽然他的物理位移在不断地变化但就他的各个肢体相对而言，各肢体的运动又是有规律、有周期的。

以上的分析表明，人体的运动不同于通常的自然体，所以在一般的动画系统中不能轻易描述一个人体的运动，这也常常是制作人体动画的难点所在。所以,要建立一个针对人体运动的仿真系统,必须设计出一种能完整地、正确地描述人体运动的全新运动模型。由于人体有多个活动肢体,且相互是有关联的,人体姿态要对应人体骨骼的关节变化,描述人体外形取决于骨骼结构,因此采用关节化人体模型。上一层关节的运动,带动其所有的下层关节发生牵连运动,所以人体的模型要层次化。在建模时必须建立层次结构,把整个人体看作为这一对象的根节点,把腰以上的部位、腰到骨盆部位以及左右腿部作为第二层次。腰以上的部位又将分为头颈、左右肩和躯干等节点。肩下面有上臂和肘关节以下部位,肘关节以下还有下臂和手及手腕。依次类推,每个节点相对人体的中心(全局坐标的原点)都建一个局部坐标系,在这些节点下面的对象将可按照局部坐标系进行移动或旋转,因此手可绕手腕转动,手腕和下臂可相对于肘部进行运动。如图 6-21 所示虚拟人骨架模型由全身的所有关节和骨骼段组成。

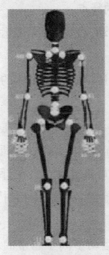

图 6-21 虚拟人骨架模型

图中的虚拟人骨架模型包括 54 个关节（包括一个重心位置）和 53 块骨骼段。每个部位体可以分别绕着各自的关节在不同的自由度方向上做旋转运动，产生虚拟人的运动。

人体几何建模后，再在其表面赋予纹理和光照效果，给予人体不同的服装、武器和装备，使其形象更为逼真。所以人体是一个比较复杂的建模过程。人体的形象是复杂的，因此在建模时需要由 2000 多个多边形组成。在近距离观察时才有较好的逼真性。但随着距离的拉远，可以对模型进行简化。因此在建模时对人体按不同的距离进行不同层次复杂度的建模，在 Multi-Gen Creator 建模工具中称为 Level of Detail（LOD）。人体模型的 LOD 分为 5 ~ 7 级，第一级人体约由 2296 个多边形（或 3978 个三角形）组成，而最远距离时则简化为 36 个多边形组成，从而大大节省了可视化渲染的时间。

如图 6-22 为虚拟人物的静态 LOD 显示方法和如图 6-23 所示人体建模层次结构图。

图 6-22　虚拟人物的静态 LOD 显示方法

图 6-23 人体建模层次结构图

6.5.2 虚拟人物运动控制实现的基本原理和方法

目前，虚拟人的行为控制主要采用以下一些方法：关键帧与过程动画技术的方法、基于运动学和逆向运动学、基于动力学和逆向动力学、运动捕捉与运动合成的方法。关键帧技术是进行虚拟人运动控制的最早方法。其概念源于早期 Walt Disney 公司卡通动画的制作。关键帧的方法很难预先确定人体每个关节的角度，物理逼真性也很难验证。基于运动学的模型需要用户交互设置一些关键参数并通过插值这些关键参数来生成和控制物体的运动变化，并且这些参数的变化只涉及各时刻各参数值的大小及其变化速度，只考虑了物体的运动学特性而没有考虑物体的动力学特性，除非用户给定的关键参数及所采取的插值模式恰好符合物体的动力学特性才能完全反映虚拟人物的真实运动，动力学的模型可以根据人体各关节所受的力和力矩计算各关节的加速度、速度，其生成的动作更为逼真复杂，需指定的参数也相对较少，但是计算量相当大，且很难控制。另外，基于动力学的模型的应用也存在很多的局限性，例如动力学方程的求解问题通常我们无法得到动力学方程的封闭解析解。只能采用数值求解技术，而且尽管目前在数值计算领域已有众多的求解微分方程的数值计算方法，但找到适当的求解方法并不是一件容易的事情。运动捕获技术也是目前在商业产品中比较常用的一种用来生成运动的技术运动捕获技术。它是通过使用称为跟踪器的专门的传感器来记录运动者的运动信息，然后我们就可以利用所记录下来的数据来产生动画运动。运动捕获的方法采集到大量人体基本运动，比如走、跑、站立、坐、爬行、跳跃等，组建了一个基本的人体运动数据库，但在运动捕获技术中所获得的人体运动数据由于附着在运动者皮肤或是衣服上的跟踪器在运动者运动时会产生一定程序的移位这就造成了所获得的运动数据有一定的冗余和失真。同时一套完整的运动捕捉设备的造价也是十分昂贵的。综上所述，需要采用现有的虚拟人仿真软件来进行虚拟人物动作的模拟仿真，这样不仅效率高，而且节约成本，缩短了软件的开发周期。

6.5.3 虚拟人物仿真软件 DIGUY 的应用

常见的虚拟人的模拟软件包括如下几种：JACK 是美国宾夕法尼亚大学人体仿真与建模中心（Center for Human Modeling and Simulation）研制的一个虚拟合成软件系统。

JointMotion 是中国科学院计算技术研究所数字化技术研究室开发的一个虚拟人运动合成系统。VLNet（Virtual Life Network，虚拟生命网络）由瑞士联邦技术研究所（the Swiss Federal Institute Technology，EPFL）计算机图形实验室（LIG）研究开发的一个网络化虚拟人合成系统。DI-Guy 是波士顿动力公司（Boston Dynamics Inc. ，BDI）的虚拟人物模型软件。它作为 Vega 的可选模块完全集成到 Vega 工具包中。DI-Guy 的人物模型可在三维虚拟世界里实时平滑运动，通过 API 调用能实现对外来消息的响应。它有真实的士兵训练特征，包括多种制服、武器和多种附属装备。可定义的动作包括站、跪、匍匐前进、走、跳、潜行、使用武器等。DI-Guy 将简化开发者在虚拟场景中放置虚拟人的工作量，避免了关节控制、动作合成、几何层次管理、纹理贴图创建、动画等烦琐的基本工作。DI-Guy 可作为 Vega 的可选开发模块。使用 Vega DI-Guy 模块自带的 API，可以根据需要灵活地定义人物模型的类型、动作、装备、路点等。使人物可对虚拟场景中的事件和用户输入有相应的反应，达到交互的目的。Vega DI-Guy 和 Vega DI-Guy Navigator，前者可以是人物模型的几何形态，动作以及简单的路径设置等。后者根据路径文件对人物模型进行控制，开发基于 MFC 含有 DI-Guy 虚拟人的场景，务必在 visual c++环境下包含进 vega 和 DI-Guy 的头文件和库文件，在 Lynx 的文件路径（path）面板中需要建立 DIGUY 的几何形体、表面贴图、动作的文件路径。此外通过 DIGUY 安装目录下的 character_ gui_ qt. exe 可以给虚拟人物添加不同的服饰和装备并进行效果的预览，如图 6-24 所示。

图 6-24 通过不同的设置来预览人物的效果

在使用 DI-Guy 时我们都会选择与自己想达到的人物外观最

接近的模型，但是这些人物很可能不能满足我们的需要，这时就要求我们可以对 BDI 所提供的模型进行适当的修改，从而满足自己的需要。在安装目录 \ bdi \ geometry 目录下我们将会看到三种类型的文件，它们分别是：OpenFlight 格式的 flt 文件，WaveFront 格式的 obj 文件和 DirectX 格式的 x 文件。我们可以利用相应的软件对其模型进行修改。扩展名为 flt 的模型文件是 OpenFlight 格式。可以看出对应于同一个模型有五种版本，分别对应于此模型的 7 种层次细节最低的三个层次细节使用同一个文件。这使得我们在使用中可以很方便地运用。但是，对模型的修改是要遵循一定的原则的。要保持模型中各个关节的名字不变。这些关节都分别与 flt 文件中的 object、obj 文件中的 group 和 x 文件中的 frame 和 mesh 相对应。DI-Guy 靠此名字来找正确的几何体；要保持各个部分的长度不变，也就是说，要保持各个关节之间的距离恒定。如果缩短了距离，那么将会在两个邻近的部分之间产生空隙；反之，则会产生一部分的重叠。不要改变胳膊、腿、肌肉等人体组织的周长，即不要单独改变粗细。否则会产生交叉重叠。在这样的条件下，可以任意更改人物的外观，也可以完全改变人物的面部特征、表情、性别、发型、发色、头发的纹理等等。通常情况下，我们可以仅向人物模型中添加形体集（装备）或者是在人物模型库中添加一个新的人物模型。其方法分别为可以在不同目录下。如："bdi \ config \ diguy" 下的 actor_ < actor_ name >_ shapesets. cfg 文件中（actor_ name 指的是人物的名字）找到想要修改的模型并将其打开，将下列一段文字加入到文档中：

shape_ set < new_ shapeset_ name >

actor = < actor_ name >

is_ base_ shape = 1

```
filename  =  < LOD1_ file >
filename  =  < LOD2_ file >
filename  =  < LOD3_ file >
filename  =  < LOD4_ file >
filename  =  < LOD5_ file >
filename  =  < LOD6_ file >
filename  =  < LOD7_ file >

include common/shapes_ and_ joints_ human. cfg
```

同时，将自己所作的不同 LOD 模型文件以相应的文件名保存到"安装目录 \ bdi \ geometry"下文件格式对应的文件夹中。这样，当下一次启动 character_ gui_ qt. exe 时，它便会自动搜索相对应的形体集模型，Shapeset 栏将显示所添加的形体集。在人物列表中添加新的人物模型的方法是创建一个新的模型，并将其加入到 BDI 的配置文件中，这个模型就像 BDI 本身所提供的模型一样以同样的方式运行，并且可以为人物模型添加一些相应的形体集。在 \ bdi \ config \ diguy 中找到与自己最终效果最相似的模型文件 actor_ < actor-name >_ shapesets. cfg，假如为 char_ soldier_ qk. cfg，将其打开并另存为自己想要的文件名：char_ newname_ qk. cfg；在文件中修改 char_ soldier_ qk_ arcs. cfg 文件的名称为 char_ newname_ qk_ arcs. cfg；打开 char_ soldier_ qk_ arcs. cfg，以新的文件名 char_ newname_ qk_ arcs. cfg 另存；打开 diguy_ characters. cfg，在文本文档的最后添加以下文字 include_ optional diguy/char_ newname_ qk. cfg。这样，当再次启动 BDI 时，就可以在 Characters 这一栏中看到自己所添加的人物了。

利用 DI-Guy 人物模型的开放式特性可以快速生成所需的人物模型，可大大提高程序的通用性与虚拟现实训练系统的渲染感。但是 DI-Guy 软件并没有提供直接操作人物活动关节的 API，用户若要虚拟人表现此软件所提供动作之外的动作，还是要做关节控制、动作合成等烦琐的基本工作的。

6.5.4 虚拟矿工动作库的建立过程

本系统的开发需要虚拟矿工完成安装锚杆的过程模拟（如图 6-25 所示）和一个矿工的敲帮问顶的动作模拟。首先利用 3D 建模软件 Creator 生成 DI_ Guy 及 Vega 所支持的 3D 虚拟人体模型（ * . flt 格式），一般只需对 DI_ Guy 原有人体模型进行几何

图 6-25 虚拟矿工铺网安装锚杆的过程模拟

外观及关节 DOF 节点位置定制处理，以提高系统开发效率。然后利用 Poser 导入虚拟人体模型，此时只有以三角面片表示的几何外观模型，关节 DOF 节点信息丢失，因此需要利用 Poser 7 的 Setup Room 提供的骨架生成工具进行骨架设计并与几何外观模型绑定（riggingcharacter）。在建立人体骨架时要保证关节个数及位置与 Creator 中 DOF 节点相一致，在利用 Grouping Tool 建立每一骨骼与外观几何模型中三角面片的关联关系时要与 Creator 中 DOF 节点下的面片信息相一致，确保 Poser 环境中人体动作效果与 DI_ Guy 中人体动作的一致。基于虚拟人动作生成方法研究现状，本书采用手工编辑和运动捕捉相结合的方法生成人体运动数据，某些人体动作数据文件如行走、奔跑等可直接从网络上下载；但根据应用系统需求定制的动作数据文件往往需要自行开发，本书基于 3D 人体动作建模软件 Poser7.0 开发生成。Poser 可自动对关键帧姿态进行插值生成人体动画，此时可直接在 Poser 文档视图中观察虚拟人动画效果，对于中间某帧不太理想的人体姿态可以再次进行编辑修改，最终生成逼真、流畅的人体动作后，可通过 Poser 导出工具生成 BVH 格式的标准动作捕捉数据文件，用于 DI_ Guy 环境下虚拟人动作的实时数据驱动。对于已有的 BVH 动作数据文件，为了保证动作数据与虚拟人模型的匹配，避免模型不匹配所造成的穿插、断裂等现象，可利用 Poser 的导入工具将原有 BVH 数据文件导入定制好的 3D 人体模型，在 Poser 中观察动作效果并手动调节相应姿态，生成满意的动作效果后，再次将数据文件导出，实现已有运动数据的重定向。在得到与 DI_ Guy 中虚拟人体模型相匹配的运动捕捉数据文件后，即可在 Vega 环境下读入数据文件，基于 DOF 节点实现虚拟人体模型的实时数据驱动，完成应用系统中用户定制动作的添加生成。根据 BVH 数据文件格式，可定义 Joint 类实现骨架结构及关节旋转角度数据的读入。除根关节外，各关节的数据信息为相对于副关节的姿态角度旋转数值。由于 Vega 中基于 DOF 节点实现人体姿态的变形，DOF 节点等同于 Poser 中的关节点，因此在运动数据读入时不需对数据文件进行解析操作，即不需进行从当前节点一直到根节点所有相对变换矩阵的相乘操作，可直接读入旋转角度数值按规定旋转次序赋给 DOF 节点，程序设计简便，应用系统运行效率几乎不受影响。

7 矿山安全培训系统的实现和人机交互

矿山安全培训系统的设计最主要的内容是建立一个虚拟矿山环境,逼真与否取决于人的感官对此环境的主观感觉,其中视觉是最主要的,因此,综采工作面虚拟场景的设计必须首先考虑在视觉上做到形象、逼真。也就是说,虚拟环境中不只是要求所显示的对象在外形上与真实对象酷似,而且要求它们在形态、光照、质感等方面都十分逼真。

7.1 矿山安全培训系统的实现

7.1.1 三维引擎的设计

三维引擎的初始化过程非常重要,具体过程如下:

(1) 设置三维图形像素格式,确定每个缓冲器的位数;

(2) 初始化通道视口大小、光照模型的各个参数、背景颜色、视点坐标;

(3) 创建帧缓存并设置名称;

(4) 创建相机、通道和光照模型,给光照模型赋值;

(5) 创建场景,将光照模型加入场景,确定相机位置,并将相机与场景连接;

(6) 为通道赋值确定尺寸、擦除色,并将场景和相机与通道连接;

(7) 将通道加入帧缓存。

在初始化工作完成后,动态导入三维模型,并实施场景渲染。

7.1.2　场景数据的载入

由于空间数据结构的构造开销都比较大，虽然也可以在实时过程中进行更新，但是通常需要作为一个预处理过程来完成[32]。本书在加载场景数据文件过程中对其进行预处理，实现方法如下：

```
void load_ world (char * mname)        //加载场景文件
{
    ……     ……                        //检查是否已加载场景
                                       //若真则清空缓存，反之获得场
                                       景图指针 hdr
    ents. setsize (0);                 //设置场景实体数量为 0
    loopi (hdr. numents)               //读取场景中实体索引列表
    {
    entity&e = ents. add ();           //添加实体对象指针
    gzread (f, &e, sizeof (persistent_ entity));
                                       //读取实体信息，persistent_ en-
                                       tity 为场景实体定义结构
        ……     ……                    //判断实体类型，按类型将其信
                                       息实例化
    }
    delete [ ] world;                  //设空场景
    setupworld (hdr. sfactor);         //设置场景色深
    char texuse [256]; loopi (256) texuse [i] =0;
                                       //预留纹理空间
    loopk (cubicsize)                  //构造八叉树
    {
    sqr * s = &world [k];              // 获得 map 上的第 k 个单元网
                                       格的节点信息
```

```
s - > defer = 0;                    //设置节点的 defer 属性，用作
                                       以后的 mipmapping
t = s;
texuse [s - > wtex] = 1;            //标记该节点的墙体纹理已用
……    ……                      //若不是 Solid 空间，则标记其
                                       他几项纹理也已用
}
calclight ();                       //设置节点的材质颜色
……    ……                      //读取完毕，关闭场景文件
settagareas ();                     //设置标签区域
startmap (mname);                   //加载操作者等对象
int xs, ys;
loopi (256) if (texuse [i]) lookuptexture (i, xs, ys);
                                    //再次遍历，获取有贴图单元网
                                       格的贴图 id 列表
preload_ mapmodels ();              //预读模型列表
};
```

7.1.3　实体模型的动态导入

　　虽然本系统的虚拟场景不是太大，但是整个系统模型的数据文件却还是相当大的，每个模型都有少则 100 多个面，几百个三角形。如果将几十个模型一次性导入系统中，势必影响机器的运行速度，甚至无法运行。所以本系统采用动态导入、动态调用的方法，模型的导入方法如下。

　　模型动态导入由函数 loadmodel () 完成，当其被激活时，动态导入命令被启动，先检查是否已经加载过，有则返回相应指针，交由 rendermodel () 函数进行具体模型渲染，无则根据模型格式选择相应类库加载模型，加载失败返回空。利用这种方式将模型实例化（Instance），减少了场景中相同模型的数量，

使得构建多个基于同样模型的虚拟对象时，不必再像正常的拷贝手段那样逐个增加存储空间，很大程度上解决了资源消耗问题，提高了显示速度。模型被动态导入到场景中（见图 7-1），主要代码如下：

```
vector < mapmodelinfo > mapmodels;        //所有模型的集合对象
hashtable < const char * , model * > mdllookup;
                                          //模型缓存表
model * loadmodel (const char * name, int i)
{
if (! name)                               //如果模型路径参数 name 为空
{
if (! mapmodels, inrange (i)) return NULL;
                                          //没有已加载编号，返回空值
mapmodelinfo &mmi = mapmodels [i];        //否则抽取模型信息
if (mmi. m) return mmi. m;
name = mmi. name;                         // 获取模型路径
};
model * * mm = mdllookup, access (name);
                                          //查找路径为 name 的模型
model * m;                                // 用于返回的构建 model 指针
if (mm) m = * mm;                         // 如果已加载，给 m 以其 model
                                          //   指针
else                                      // 如果未加载
{......  ......};                         // 根据模型格式，加载模型
if (mapmodels, inrange (i) && ! mapmodels [i] . m)
    mapmodels [i] . m = m;               //初次载成功后，列入 mapmod-
                                          //   els 数组
retum m;                                  // 返回指针
};
```

图 7-1   模型加载效果

7.1.4   碰撞检测

在虚拟环境中为保持场景的真实性，碰撞检测是必要的。在虚拟场景中实现碰撞检测需要选定一个目标、一种相交矢量方法、一个交叉体，同时还要设定目标和交叉体的相交矢量类[20]。

目标可是一个场景或是一个对象物。相交矢量的方法有 8种：Volume 方法、Z 方法、HAT（Height About Terrain）方法、ZPR 方法、TRIPOD 方法、LOS（Line of Sight）方法、BUMP 方法、XYZPR 方法。交叉体有正方体、球体、圆柱体、截锥体、平面、线段和点可选择。交叉体的选择与交叉矢量方法有关，只有选用 Volume 方法时才能任意选择交叉体；否则，交叉体均为线框形式。要检测到虚拟场景中的碰撞必须设定目标和交叉体的相交矢量类，其中两者至少有一个类别相同。相交矢量共有 4 类，每个类中有 8 个相关的类别，形成 32 位掩码。当把相交矢量加入到动态物体或观察者中时，也就把真实感加到应用程序中。本系统中通过比较两实体的包围盒来碰撞检测。

7.2 矿山安全培训系统的人机交互

7.2.1 巷道实时漫游

矿山安全培训系统采用对象化设计，为了使人机交互更自然，系统中设置了一个虚拟的摄像机对象 Camera 和一个虚拟的操作者对象 Playerent。Playerent 会根据输入模块反馈的信息移动、旋转，Camera 则时刻调整，使其保持与 Playerent 对象的视口参数保持一致，以达到第一人称漫游效果。这样设计可以保持良好的对象结构，也为以后第三人称漫游和分布式多用户场景的实现做好基础。

虚拟巷道的漫游，通过设置视点和其观察方向来实现，系统接收 Playerent 对象漫游过程中的实时位置信息的各种变化反馈给 Camera，Camera 则向图形渲染模块体提供视口大小和位置。通过 Playerent 和 Camera 两个实体对象的协调来达到漫游的效果。

向前（后）移动就是，视点沿（逆）视点当前位置朝焦点所在位置移动一定的距离，然后焦点在移动相等距离；向左（右）移动就是，视点沿焦点当前所在位置的垂直方向，平行向左（右）移动一定的距离，然后焦点在移动相等距离。旋转操作就是焦点绕视点做一次旋转，旋转量有鼠标移动的变化量决定。在移动和旋转过程中，Playerent 和 Camera 保持视点、视口一致。

本系统中的外部信息的接收和内部信息交互，都通过输入控制模块进行中转，因此用户可以自定义虚拟按键与实际按键间的映射关系。漫游模式下，当输入模块反馈虚拟向上键时，表示向前移动；当输入模块反馈虚拟向下键时，表示向后移动；

当输入模块反馈虚拟向左键时，表示向左移动；虚拟输入模块反馈向右键按下时，表示向右移动。

7.2.2　多通道的实现

人机交互最重要的方面之一是提供给用户多感知性。所谓多感知性（Multi-Sensory）就是说除了一般计算机技术所具有的视觉感知之外，还有听觉感知、力觉感知、触觉感知、运动感知，甚至包括味觉感知、嗅觉感知等。理想的 VR 技术应该具有人所具有的一切感知功能。由于相关技术，特别是传感技术的限制，目前 VR 技术所具有的感知功能仅限于视觉、听觉、力觉、触觉、运动等几种，无论从感知范围还是从感知的精度都无法与人相比拟。本系统不仅仅提供了视觉上的显示效果，还提供了听觉和触觉上的反馈。

在视觉计算中加上物理约束条件——上节中已经提到的碰撞检测原理，形成了力反作用的效果，给予操作者碰撞到的感觉，在此不再重复。

声音是场景中的重要部分，只有加入声音，才能做到"有声有色"。本系统在程序开始到结束中都加入了声音信息，增加了漫游过程的真实感。其主要由函数 playsound（int soundid，vec soundfrom）来实现。

```
initsound（）;                    //初始化声音模块，在系统初始时
Int a = registersound（"res/audio/a. wav"）;
                                 //加载声音资源，返回其自动编号
vec soundvec = new vec（"100. 0"，"1. 0"，"20. 0"）;
                                 //声源所在点
playsound（a，soundvec）;          //播放声音
```

7.2.3　问答板的提出与实现

在矿山虚拟环境中，操作者会遇到一些现实条件中同样存

在的问题，这时操作者需要的是一种警示。与场景实体的三维交互，在一定程度上可以达到模拟的效果，但是对于培训者来说，这样无法起到最好的警示作用。因此，本设计提出一种新的交互模式——问答板。

问答板的交互是通过人与系统的问答方式来进行的。在系统中定义虚拟实体类 QAsprit；以 QAsprit 实体为中心，在场景图中设定圆形问题区域。当操作者漫游至 QAsprit 的问题区域时，系统调用问答板显示函数 ShowQA（int qaid）随机抽调问题，然后向操作者提问。系统根据问题严重度（在培训题库中以数字表示）确定是否可以忽略。若问题可忽略，用户可不作答，培训过程结束时，系统向操作者显示忽略问题的起因和正确操作，作为日后工作的参照。若问题严重到不可忽略的，强制操作者作答，并限定回答次数防止猜题现象。回答次数超额而操作者仍无法回答正确时，对其警告，并告知遇到该问题时正确的解决方案。所有回答都将记录在培训数据库中，用于安全问题的统计分析。根据分析结果，矿山可以确定下一阶段内安全教育的重点。问答板的逻辑处理过程可由伪代码表述如下：

定义问答状态

｛已回答正确，已回答错误，未回答可忽略，未回答不可忽略，未回答未知，严重但不能回答｝；

If 操作者进入问答板｛

    for（定义 问答状态 回答状态＝未回答未知；回答状态＝（已回答正确‖未回答可忽略‖严重但不能回答）；回答次数＋＋）

    ｛

    //循环开始

    If（回答状态＝未回答不可忽略）警示（"问题严重，必须处理!"）；

    If（回答状态＝未回答未知‖未回答不可忽略）系统提问（）；

If（回答状态＝未回答未知 ‖ 未回答可忽略）询问操作者是否回答（）；

If（回答状态＝未回答未知 ‖ （！操作者选择回答（）））　　//这里不是变量

{

   If（遭遇的问题可忽略（问题编号））

     回答状态＝未回答不可忽略；

   else

   {

     记录（问题编号，忽略）；

     回答状态＝未回答可忽略；}

}

If（回答状态＝未回答不可忽略 ‖ 操作者选择回答（））

{

  操作者回答 操作者答案

  If（！（处理（操作者答案，问题编号）＝问题回答正确））

  {

    If（（回答状态＝未回答不可忽略）&&（回答次数＞10））

    {显示"这种问题不能解决是很危险的"

     显示 正确答案解述

     记录（问题编号，确实严重）；

     回答状态＝严重但不能回答；

  }

else

{

  警示（"回答错误"）；

  回答状态＝已回答错误；}

}

else

```
    显示"回答正确"
    显示 正确答案解述
    记录（问题编号，回答正确）；
    回答状态 = 已回答正确；}
    }
  } //循环结束
}
```

以下为问答板应用的一个具体实例。如图7-2所示，分图 a 为受训者遭遇问题时的选择操作界面，分图 b 为采取错误操作造成事故界面，分图 c 为分析事故原因界面，分图 d 为事故小结界面。

a

b

c

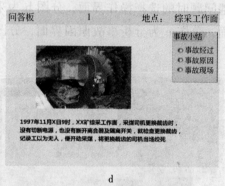

d

图 7-2 问答板应用的具体实例

7.3 矿井漫游功能分析与实现

7.3.1 矿井漫游流程图

矿井漫游模块是系统的核心，通过虚拟矿工漫游，逼真再现工业广场，井筒、车场、大巷、上下山、机巷、风巷，工作面等实景，能看到各个设备的运转情况，并对各个部位安全工作按规程要求提示。真实再现实际生产场景，采煤机、运输机、转载机等设备操作，以及动作配合演示和实际操作训练。结合漫游矿井，对每个地方进行安全提示。从而达到学习人员对矿井生产有一个比较完整的感性认识，学习到相关的安全知识，有一个较好的培训效果。漫游路线如图7-3所示。

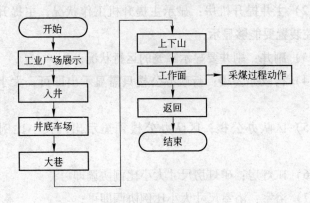

图7-3　漫游路线

以工业广场为例展示场景设计：

地面工业广场是围绕井口布置的，其厂址选定后，根据地面生产系统的特点，将各种建筑物、构筑物布置在工业广场范围内，并绘制工业广场布置平面图，以便按照设计要求进行施工建设，如图7-4所示。

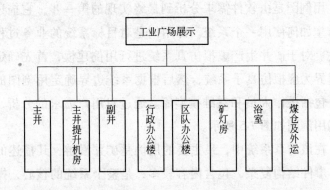

图7-4　工业广场布置平面图

（1）主井：主井要显示箕斗的运行状况，井口要铺设铁轨，要显示矿车出入；

（2）主井提升机房：显示主提升机工作状况，主提升机操作监控装置要能够显示；

（3）副井：副井要显示罐笼的运行状况；

（4）行政办公楼：行政办公楼只需显示出即可，大小比例协调；

（5）区队办公楼：区队办公楼须显示出，大小比例协调即可；

（6）矿灯房：矿灯房尺寸大小比例协调即可；

（7）浴室：浴室尺寸大小比例协调即可；

（8）煤仓及外运磅房：煤仓及外运磅房尺寸大小比例协调即可。

通过工业广场漫游，使学习人员对矿井生产地面主要设施有一个较清晰的了解。

7.3.2　矿井漫游用例图

用例图是由软件需求分析到最终实现的第一步，它描述人们希望如何使用一个系统。即用例是对目标系统的业务过程的描述。对于矿井生产虚拟仿真系统进行用例建模，首先确定系统边界为虚拟仿真子系统，然后根据系统边界确定用例图的角色，包括操作人员和三维模型库。通过对用户需求的分析，建立的用例图如图7-5所示。

在该仿真系统中，最主要的用例是矿井漫游，其描述的场景、事件结构复杂，包含内容较多，是整个系统的核心，操作人员可以通过该子系统仿真多个生产过程，像采煤机割煤过程，液压支架的移架推流，综采工作面以及各种巷道内部设施设备

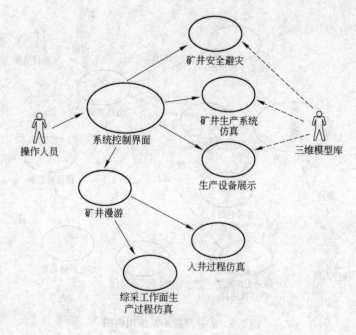

图 7-5 矿井生产虚拟仿真系统用例图

布置，入井过程等。有必要对其进行详细的用例设计，矿井漫游子系统用例图如图 7-6 所示。

对于用例图中的每个用例，都应有一个详细的用例事件流程说明，通过描述用例的事件发生过程，为最终用户、领域专家与软件开发人员之间提供一个一致的沟通场所。由于篇幅所限，下面仅以"矿井漫游子系统"用例为例，首先对用例事件做一简单描述，然后通过 UML 活动图来展示用例所描述的系统需求，如图 7-7 所示。

（1）用例前提是用户进入系统漫游子系统控制界面，然后进入各仿真系统，在进入各仿真系统之前，要首先调入三维模型库，显示三维静态场景。

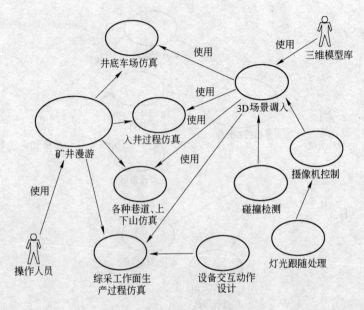

图 7-6　矿井漫游子系统用例图

（2）选择进入各场景，在各场景内部可以控制虚拟角色进行漫游，在各场景内部设有固定碰撞物、地板和固定区域，用于进行碰撞检测，同时控制摄像机和灯光跟随虚拟角色。

（3）在漫游过程中完成生产过程仿真，如采煤机割煤，运输机运煤和液压支架移架推溜等。

从用例事件流程说明中，我们可以发现并抽取一组分析类（对象），它们是对被建模领域中真实世界问题域内事务的描述，而不是指软件设计中的类。顺序图是 UML 提供的一种展示用户与系统间交互的工具。它描述了参与者与系统之间的交互事件、事件发生顺序。由上述分析类之间相互协作形成的分析类顺序图，描述了矿井生产虚拟仿真系统的仿真推进过程，为系统设计建立了一个系统运行的基本框架，如图 7-8 所示。

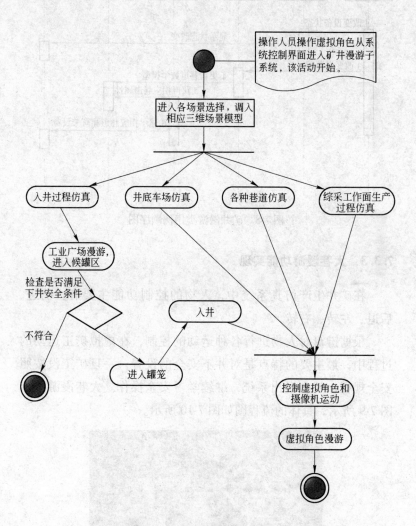

图 7-7 矿井漫游子系统活动图

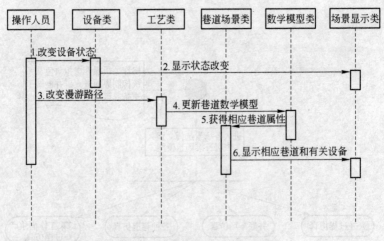

图 7-8 矿井漫游类用例顺序图

7.3.3 大巷漫游功能实现

在矿井生产仿真系统中，人物的控制功能主要有：前进、后退、左转、右转。

根据键盘对人物进行各种运动的控制，在虚拟矿工运动的过程中，最主要的特点是对井下安全的设置，一旦矿工没按照安全规程，就会退出系统，继续学习安全操作。大巷漫游图如图 7-9 所示，具体的流程图如图 7-10 所示。

图 7-9 大巷漫游图

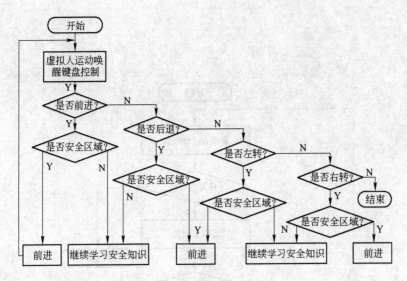

图 7-10 大巷漫游流程图

7.3.4 工作面漫游功能实现

要使虚拟人完成地图管理功能：当点击下面的"图"字的时候，会在界面的左上方有一个小的地图，当你双击的时候便会隐藏。可以用键盘上的 W、A、D、S 来控制人物的前进、左、右、退。可以用 Q、E 来控制视野的大小，地图漫游功能图如图 7-11 所示。以虚拟人前进运动为例介绍地图管理功能实现流程图如图 7-12 所示。

图 7-11 地图漫游功能图

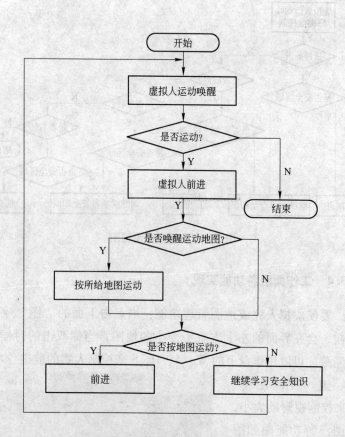

图 7-12　工作平面漫游流程图

参 考 文 献

［1］国家安全监督管理总局. 国家安全生产科技发展规划（煤矿领域研究报告），（非煤矿山领域研究报告）（2004—2010）［R］.2003 年.

［2］Crawshaw S A M, Denby B, McClarnon D. The use of virtual reality to simulate room and pillar operations ［J］. Coal international, 1997, 245 (1)：20~22.

［3］Hyoseok Yoon , Anton van den Hengel , Gerhard Reitmayr, et al. Toward a Digital Ecosystem：International Symposium on Ubiquitous Virtual Reality 2010 ［C］. IEEE Pervasive Computing, 卷次：10 刊期：2 April 2011.

［4］Daniel A, Guttentag . Virtual reality：Applications and implications for tourism Original Research Article ［J］. Tourism Management, 2010, 31 (5)：637~651.

［5］B Korves, M Loftus . Designing an immersive virtual reality interface for layout planning Original Research Article ［J］. Journal of Materials Processing Technology, 2000, 107 (1~3)：425~430.

［6］Enji Sun, Antonio Nieto, Zhongxue Li, et al. An integrated information technology assisted driving system to improve mine trucks-related safety Original Research Article ［J］. Safety Science, 2010, 48 (10)：1490~1497.

［7］Jingwei Ji, Jingyao Zhang, Jinlin Chen, et al . Computer simulation of evacuation in underground coal mines Original Research Article ［J］. Mining Science and Technology (China), 2010, 20 (5)：677~681.

［8］Vimani Gamage, Alexei Tretiakov, Barbara Crump . Teacher perceptions of learning affordances of multi-user virtual environments Original Research Article ［J］. Computers & Education, 2011, 57 (4)：2406~2413.

［9］Alison A Godwin, Tammy R Eger, Alan W Salmoni, et al. Virtual design modifications yield line-of-sight improvements for LHD operators Original Research Article ［J］. International Journal of Industrial Ergonomics, 2008, 38 (2)：202~210.

［10］Bruce Hebblewhite. Mine safety-through appropriate combination of technology and management practice Original Research Article ［J］. Procedia Earth and Planetary Science, 2009, 1 (1): 13～19.

［11］ Mario Patrucco, Daniele Bersano, Caterina Cigna, et al. Computer image generation for job simulation: An effective approach to occupational Risk Analysis Original Research Article ［J］. Safety Science, 2010, 48 (4): 508～516.

［12］ A Cockburn, P Quinn, C Gutwin, et al. Air pointing: Design and evaluation of spatial target acquisition with and without visual feedback Original Research Article ［J］. International Journal of Human-Computer Studies, 2011, 69 (6): 401～414.

［13］ Susan M Moore, William L Porter, Patrick G Dempsey. Fall from equipment injuries in U. S. mining: Identification of specific research areas for future investigation Original Research Article ［J］. Journal of Safety Research, 2009, 40 (6): 455～460.

［14］ Kefei Zhang, Ming Zhu, Yunjia Wang, et al. Underground mining intelligent response and rescue systems Original Research Article ［J］. Procedia Earth and Planetary Science, 2009, 1 (1): 1044～1053.

［15］ 蒋文燕, 栾汝朋, 朱晓华. 基于 VRML_ ArcGIS 的虚拟旅游景观设计与实现 ［J］. 地理研究, 2010, (9): 78～82.

［16］ 康与云, 赵晓春. 活塞曲柄机构的运动仿真 ［J］. 计算机仿真, 2010, 27 (4): 256～259.

［17］ 李惠, 卢奕南, 齐阿荣. 基于 VRML 的大规模虚拟场景的实时载入方法 ［J］. 吉林大学学报（信息科学版）, 2010, 28 (1): 84～88.

［18］ 吕军, 周丽红, 常心坦. VR 技术在煤矿安全中的应用 ［J］. 西安科技学院学报, 2003, 23 (1): 8～9.

［19］ 英国诺丁汉大学 AIMS 研究中心 ［DL］. http://www. nottingham. ac. uk/aims/index. html.

［20］ 徐州翰林科技有限公司 ［DL］. http://www. hlsoft. com. cn/index. htm.

［21］ Grigore C Burdea, Philippe Coiffet, 魏迎梅, 等. 虚拟现实技术（第二

版）［M］．北京：电子工业出版社，2005．

［22］汪成为，等．灵境（虚拟现实）技术的理论、实现及应用［M］．北京：清华大学出版社，1998．

［23］赵沁平，陈小武．虚拟现实技术与应用［J］．中国计算机用户，1999，28：25～27．

［24］OPENGL 官方网站［DL］．http：//www.opengl.org.

［25］陈军，陆东风．虚拟现实中虚拟景象产生的技术初探［J］．计算机应用研究，1999，6：54～57．

［26］高文，陈熹霖．计算机视觉—算法与系统原理［M］．北京：清华大学出版社，1999．

［27］Donald Hearn，M Pauline Baker．计算机图形学［M］．蔡士杰，孙正兴，等．北京：电子工业出版社，1998．

［28］Debevec P E，Malik J．Modeling and rendering architecture from photo-shopgraphs，Computer Graphics［J］．1996，51（3）：11～20．

［29］吴家铸，党岗，刘华峰，等．视景仿真技术及应用［M］．西安：西安电子科技大学出版社，2001．

［30］张茂军．虚拟现实系统［M］．北京：科学出版社，2002．

［31］王春莉，梁立波，王宝玉．计算机三维重建技术发展与应用［J］．沈阳大学学报，2003，6．

［32］王汝传，张登银．虚拟现实中 3D 图形建模方法的研究［J］．计算机辅助工程，2000，2：25～30．

［33］刘亚静，李梅，姚纪明．多分辨率扩展八叉树矿体建模研究［J］．煤炭科学技术，2006，34（8）：34～36．

［34］杨克俭，刘舒燕，陈定方．虚拟现实中的建模方法［J］．武汉工业大学学报，2001，23（6）：47～50．

［35］Bier E A，Sloan K R．Two Part Texture Mappings［J］．IEEE Computer Graphics Applications，1986，6（9）：16～24．

［36］陶志良，石教英．复杂场景中动态简化层次的构造［J］．中国图象图形学报，1998，3（12）：1032～1036．

［37］淮永建，郝重，阳罗冠．LOD 和多边形表面简化［J］．系统仿真学

报，2001（增刊）：26～29.

[38] 张国宣，韦穗. 虚拟现实中的 LOD 技术 [J]. 微机发展，2001（1）：13～16.

[39] 陈刚. 虚拟视景仿真中的 LOD 及 Mipmapping 技术 [J]. 计算机应用研究. 1997 (5)：75～77.

[40] Masonioo, Jackie Neider, Tom Davis, et al. The official Guide to Learning Open GL [M]. 北京：中国电力出版社，2001.

[41] Gouraud H. Continous shading of curved surfaces [J]. IEEE Transactions on Computers，1971，C（20）：623～629.

[42] 陈路. 3D 游戏引擎技术—大规模场景实时图形渲染的研究与实现 [D]. 西安：电子科技大学，2003.

[43] 张弛，李新. 基于场景图的图像缓存绘制加速技术的方法 [J]. 计算机工程，2004，30（21）：137～139.

[44] 张睿，张锡恩，谢建华. 碰撞检测在操作训练仿真系统中的应用 [J]. 兵工自动化，2005，24（1），45～48.

[45] 仵自连，王德永，樊继. 虚拟矿井生产仿真系统的分析与设计 [J]. 微计算机信息，2006（9）：308～310.

[46] Hongqing Zhu, Bingwen Zhao. Mine Fire Simulation and Virtual Reality Technology Study [J]. Software Engineering (WCSE)，2010，1：148～151.

[47] Zhao Guoliang, Zhao Bingchao. Research on mining virtual reality system based on creator software. ICCET 2010—2010 International Conference on Computer Engineering and Technology [J]. Proceedings 2010，6：V6104～V6106.

[48] Chengmao Li, Xiaoyu Huang. The study on mining virtual reality system [C]. 2010 2nd International Conference on Industrial and Information Systems, IIS 2010，2010，2：342～344.

[49] Deqiang Chang, Jingxian Liu. Application of virtual reality on Hongtoushan copper mine [J]. Dongbei Daxue Xuebao/Journal of Northeastern University July，2009，30（2）：258～261.

[50] Jizu Li, Shaohong Zhang. Application of Virtual Reality Technologies to the

Simulation of Coal Miners' Safety [C] . Computational Intelligence and Software Engineering, 2009. CiSE 2009. 2009, 1~4.

[51] Orr T J, Mallet L G. Enhanced fire escape training for mine workers using virtual reality simulation [C] . SME Annual Meeting and Exhibit and CMA's 111th National Western Mining Conference 2009. 2009, 2: 793~796.

[52] Van Wyk Etienne, De Villiers Ruth. Virtual reality training applications for the mining industry. Proceedings of AFRIGRAPH 2009: 6th International Conference on Computer Graphics [C] . Virtual Reality, Visualisation and Interaction in Africa 2009, 53~64.

[53] Van Wyk Etienne, De Villiers Ruth. Usability context analysis for virtual reality training in South African mines [C] . ACM International Conference Proceeding Series, 2008, 338: 276~285.

[54] Tianxuan Hao, Yaxuan Xiong, Tao Xu. Review of application of virtual reality technology in industry safety [C] . Progress in Safety Science and Technology Volume 4: Proceedings of the 2004 International Symposium on Safety Science and Technology, 2004. Iss. PART B; 2019~2024.

[55] Mingju Liu, Bensheng Yu. Virtual reality and its application in mine safety [C] . Proceedings in Mining Science and Safety Technology, March 2002, 424~428.

[56] Jun Lu, Lihong Zhou, Chang. Development and application of virtual reality technologies in coal mining safety engineering [C] . Process in Safety Science and Technology Part A, 2002, 3: 134~136.

[57] Squelch A P. Virtual reality or mine safety training in South Africa [J] . Journal of The South African Institute of Mining and Metallurgy, 2001, 101 (4): 209~216.

[58] Chakraborty Pallab R, Bise Christopher J. Virtual-reality-based model for task-training of equipment operators in the mining industry [J] . Mineral Resources Engineering, 2000, 9 (4): 437~449.

[59] Filigenzi MT, Orr TJ, Ruff TM. Virtual reality for mine safety training [J] .

Applied Occupational And Environmental Hygiene, 2000, 15 (6): 465 ~ 479.

[60] Chakraborty Pallab R, Bise Christopher J. A Virtual-Reality-Based Model for Task-Training of Equipment Operators in the Mining Industry [J]. Mineral Resources Engineering, 2000, 9 (4): 437 ~ 449.

[61] Denby B, Schofield D. Role of virtual reality in safety training of mine personnel [J]. Mining Engineering, 1999, 51 (10): 59 ~ 64.

[62] Bise C J. Virtual reality: emerging technology for training of miners [J]. Mining Engineering, 1997, 49 (1): 37 ~ 41.

[63] McClarnon D J, Denby B Schofield, D. The use of virtual reality to aid risk assessment in underground situations [J]. Mining Technology, 1995, 77 (892): 377 ~ 387.

[64] Haoming Dong, Guifang Xu. An expert system for bridge crane training system based on virtual reality Proceedings-International Conference on Artificial Intelligence and Computational Intelligence [C]. AICI 2010. 2010, 3: 30 ~ 33.

[65] Shouxiang Xu, Tao He, Yongsheng Liang. Fire prevention virtual reality architecture based on fire model. Computer Application and System Modeling (ICCASM) [C]. 2010 International Conference 2010, 4: V4-453 ~ V4-457.

[66] Meng XY. Research and Application of Virtual Reality and Simulation Techniques Corporately to Tower Crane IMECE2009 [C]. Proceedings of the Asme International Mechanical Engineering Congress and Exposition, 2010, 13: 105 ~ 108.

[67] Tanoue K. Skills assessment using a virtual reality simulator, LapSim (TM), after training to develop fundamental skills for endoscopic surgery [C]. Minimally Invasive Therapy & Allied Technologies 2010, 19 (1): 24 ~ 29.

[68] Schwebel DC. Using virtual reality to train children in safe street-crossing skills [C]. INJURY PREVENTION 2010, 16 (1).

[69] Lee GA. Virtual Reality Content-Based Training for Spray Painting Tasks in the Shipbuilding Industry [C]. ETRI JOURNAL 2010, 32 (5): 695~703.

[70] Galvan I. Virtual Reality System For Training Of Operators Of Power Live Lines [C]. WORLD CONGRESS ON ENGINEERING AND COMPUTER SCIENCE, VOLS 1 AND 2 2010, 276~279.

[71] Aggarwal R, Crochet P. Development of a virtual reality training curriculum for laparoscopic cholecystectomy British Journal of Surgery 2009, 96 (9): 1086~1093.

[72] Lloyd Joanne. Equivalence of Real-World and Virtual-Reality Route Learning: A Pilot Study. Cyber Psychology & Behavior 2009, 12 (4): 423~427.

[73] Koch F, Koss M J. Virtual reality in ophthalmology [C]. Klinische Monatsblatter Fur Augenheilkunde 2009, 226 (8): 672~686.

[74] Adamovich S V, Fluet G G. Design of a complex virtual reality simulation to train finger motion for persons with hemiparesis: a proof of concept study. Journal Of Neuroengineering And Rehabilitation 2009 Jul 17. 28.

[75] Liang Janus. Generation of a virtual reality-based automotive driving training system for CAD education Computer Applications in Engineering Education 2009, 17 (2): 148~166.

[76] Smith Shana, Ericson Emily. Using immersive game-based virtual reality to teach fire-safety skills to children. Virtual Reality 2009, 13 (2): 87~99.

[77] Ding A, Zhang D, Xu X G. Training software using virtual-reality technology and pre-calculated effective dose data [J]. Health Physics 2009, 96 (5): 594~601.

[78] Li J Z. Application of virtual reality technologies to the simulation of Coal Miners' Safety Behaviors [C]. PROCEEDINGS 2009 IEEE INTERNATIONAL WORKSHOP ON OPEN-SOURCE SOFTWARE FOR SCIENTIFIC COMPUTATION 2009, 60~62.

[79] Adamovich S V. Design of a complex virtual reality simulation to train finger motion for persons with hemiparesis: a proof of concept study [J]. JOURNAL OF NEUROENGINEERING AND REHABILITATION 2009, 6.

[80] Simone Lisa K, Schultheis Maria T. Head-Mounted Displays for Clinical Virtual Reality Applications: Pitfalls in Understanding User Behavior while Using Technology [J]. CyberPsychology & Behavior 2006, 9 (5): 591 ~ 602.

[81] Nyberg Lars, Lundin Olsson. Using a Virtual Reality System to Study Balance and Walking in a Virtual Outdoor Environment: APilot Study [J]. CyberPsychology & Behavior 2006, 9 (4): 388 ~ 395.

[82] Tichon Jennifer, Banks Jasmine. Virtual Reality Exposure Therapy: 150-Degree Screen to Desktop PC [J]. CyberPsychology & Behavior 2006, 9 (4): 480 ~ 489.

[83] Park Chang Hyun, Jang Gilsoo. Development of a Virtual Reality Training System for Live-Line Workers [J]. International Journal of Human-Computer Interaction 2006, 20 (3): 285 ~ 303.

[84] Matsumoto edward d, pace kenneth t. Virtual reality ureteroscopy simulator as a valid tool for assessing endourological skills [J]. International Journal of Urology 2006, 13 (7): 896 ~ 901.

[85] Scerbo M W, Bliss J P. The efficacy of a medical virtual reality simulator for training phlebotomy [J]. Human Factors Spring 2006, 48 (1): 72 ~ 84.

[86] Mark W Scerbo, James P Bliss. The Efficacy of a Medical Virtual Reality Simulator for Training Phlebotomy [J]. Human Factors: The Journal of the Human Factors and Ergonomics Society Spring 2006, 48 (1): 72 ~ 84.

[87] Yamaguchi Y, Inoue K, Saito T. Development of education and training system for radiation workers with virtual reality technique [J]. Radioisotopes Feb. 2006, 55 (2): 89 ~ 95.

[88] Chang Hyun Park, Gilsoo Jang, Young Ho Chai. Development of a virtual reality training system for live-line workers [J]. International Journal of Human-Computer Interaction 2006, 20 (3): 285 ~ 303.

[89] Haque S, Srinivasan S. A meta-analysis of the training effectiveness of virtual reality surgical simulators. Information Technology in Biomedicine [J]. IEEE Transactions 2006, 10 (1): 51 ~ 58.

[90] Rubio E M, Sanz A, Sebastian M A. Virtual reality applications for the next-generation manufacturing [C]. International Journal of Computer Integrated Manufacturing 1 Oct 2005, 18 (7): 601~609.

[91] Villard Caroline, Soler Luc, Gangi Afshin. Radiofrequency ablation of hepatic tumors: simulation, planning, and contribution of virtual reality and haptics Computer Methods in Biomechanics & Biomedical Engineering 1 Aug 2005, 8 (4): 215~227.

[92] Squelch A P. Virtual reality or mine safety training in South Africa [J]. Journal of The South African Institute of Mining and Metallurgy, July 2001, 101 (4): 209~216.

[93] Cosman Peter H, Cregan Patrick C. Virtual reality simulators [J]. ANZ Journal of Surgery, 2002, 72 (1): 30~34.

[94] Akay M, Marsh A. Virtual Reality and Its Integration into a Twenty First Century Telemedical Information Society [C]. Information Technologies in Medicine, Medical Simulation and Education, 2001, 57~118.

冶金工业出版社部分图书推荐

书　　名	作　者			定价(元)
综采工作面人—机—环境系统安全性分析	王玉林	杨玉中	著	32.00
矿山重大危险源辨识、评价及预警技术	景国勋	杨玉中	著	42.00
金属矿产地质学	张　燕	主编		36.00
金属矿床地下开采	李建波	主编		42.00
地下矿山安全知识问答	姜福川	主编		35.00
安全系统工程	林　友	王育军	主编	24.00
矿山企业安全管理	刘志伟	等著		25.00
金属矿山安全生产400问	姜　威	刘天舒	等编	46.00
现代矿山生产与安全管理	陈国山	主编		33.00
矿山安全与防灾	王洪胜	包丽娜	主编	27.00
矿山安全工程	陈宝智	主编		30.00
矿山尘害防治问答	姜　威	等编		35.00
煤矿安全技术与管理	郭国政	等编著		29.00
矿山废料胶结充填（第2版）	周爱民	编著		48.00
矿石学基础（第3版）	周乐光	主编		43.00
矿山环境工程（第2版）	蒋仲安	主编		39.00
矿山企业安全管理	刘志伟	等著		25.00
选矿概论	于春梅	主编		20.00
现代矿山生产与安全管理	陈国山	主编		33.00